Photoshop 数字图像处理教程

刘 燕 唐 峰 编著

合肥工业大学 出版社

内容提要

本教材是根据作者近年来在教学、工作、专业培训中的丰富实践经验,以及结合最新图形图像处理软件的特点,化繁就简,深入浅出,突出学以致用的特点编写而成,全书采用目标驱动的方式对 Photoshop 软件操作、数字图像处理的程序与步骤进行编写,基础理论与案例式教学相结合,循序渐进,图文并茂,通过软件工具的学习来拓展学习者的设计理念与设计思维,将基础知识与与最新的设计动态相结合,提高学习者的工作效率,达到积累设计实践经验之目的。

作者刘燕(安徽三联学院)多年从事数字图形图像教学以及社会实践工作,唐峰(合肥工业大学)多年从事广告设计及广告学理论研究工作。本教材适合作为高等院校相关专业教材,也可作为高等职业院校及各类培训机构相关专业教材、广大图像爱好者及在职设计人员的参考用书。

图书在版编目(CIP)数据

Photoshop 数字图像处理教程/刘燕,唐峰编著. —合肥:合肥工业大学出版社,2016.12
ISBN 978 - 7 - 5650 - 3193 - 9

Ⅰ.①P⋯ Ⅱ.①刘⋯②唐⋯ Ⅲ.①图象处理软件—教材 Ⅳ.①TP391.413

中国版本图书馆 CIP 数据核字(2016)第 304819 号

Photoshop 数字图像处理教程

刘 燕 唐 峰 编著   责任编辑 郭娟娟   责任校对 黄芸梦

出 版	合肥工业大学出版社	版 次	2016 年 12 月第 1 版
地 址	合肥市屯溪路 193 号	印 次	2016 年 12 月第 1 次印刷
邮 编	230009	开 本	787 毫米×1092 毫米 1/16
电 话	人文编辑部:0551 - 62903205	印 张	12.75
	市场营销部:0551 - 62903198	字 数	288 千字
网 址	www.hfutpress.com.cn	印 刷	安徽昶颉包装印务有限责任公司
E-mail	hfutpress@163.com	发 行	全国新华书店

ISBN 978 - 7 - 5650 - 3193 - 9   定价: 38.00 元

目　　录

第 1 章　Photoshop 软件功能介绍

第 2 章　Photoshop 工具

第 3 章　图　层

第 4 章　蒙　版

第 5 章　通　道

第6章　滤　镜

第7章　综合案例

第 1 章　Photoshop 软件功能介绍

【本章学习重难点】

了解软件的发展史；

熟悉工作界面；

掌握软件基本操作；

掌握图像理论知识。

1.1　Adobe　Photoshop 简介

1987 年秋天,美国密歇根大学的一位研究生托马斯·诺尔编制了一个程序,为了在 Macintosh Plus 机上显示灰阶图像。最初他将这个软件命名为 display,后来这个程序被他的哥哥约翰·诺尔发现了,他的哥哥就职于电影特效制作公司 Industry Light Magic(工业光魔),约翰建议托马斯将此程序用于商业运营和推广。John 也参与软件的早期插件程序的编写。

该软件迅速被推广到各个国家和地区,被广泛运用于图形处理、动漫设计、广告、服装、环艺等学科。

图 1.1　设计师诺尔兄弟

1.2　工作界面

工作界面由菜单栏、工具属性栏、工作区、面板组、工具箱、状态栏六个部分组成,如图 1.2.1 所示。

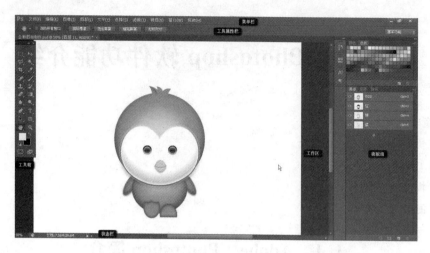

图 1.2.1

（1）菜单栏

菜单栏中共有 10 个菜单，分别是文件、编辑、图像、图层、文字、选择、滤镜、视图、窗口和帮助。其中每个菜单项都带有一组命令，通过选择这些命令可以对图像执行各种编辑操作。

（2）工具属性栏

工具属性栏用于显示工具箱中各个工具的相关选项，每个工具的相关属性都会在工具属性栏中显示。如图 1.2.2 所示，就是选定了工具箱中的"矩形选框工具"后的工具属性栏。

图 1.2.2

（3）工作区

Photoshop 窗口中显示的灰色区域被称为工作区，工作区用来显示被编辑的图形图像。工作区可以同时打开多个图像文件并带有自己的标题栏，当工作区处于最大化的时候，它与 Photoshop 主窗口共用标题栏，而且会在标题上显示已打开并且正在操作的文件的文件名等各项提示。

（4）面板组

面板组的主要功能是帮助用户浏览和修改图像。在"窗口"下拉菜单中选择相关的菜单名称可以将面板进行显示和隐藏。在面板组中可以将不常使用的面板组进行关闭，这样可以使常用的面板组最大化显示。

用鼠标拖住用红圈标出的地方可以将缩小的面板移动到另外的地方或者重新排列，还可将面板组进行关闭，如图 1.2.3 所示。

图 1.2.3

提示:按下 Shift＋Tab 可显示或隐藏面板组。

(5)工具箱

工具箱中包含 60 多个工具,如果要显示或隐藏工具箱,执行"窗口"→"工具"命令。在工具右下角有一个小三角形标识说明该工具中有子工具,如图 1.2.4 所示。子工具显示该工具的名称及快捷键。将鼠标左键轻放在工具上,也会显示该工具的名称。

(6)状态栏

状态栏的功能是显示当前被编辑的文件的缩放百分比和文档大小,如图 1.2.5 所示。

图 1.2.4　　　　　　　　　　　　图 1.2.5

1.3　图像处理基础知识

1.3.1　像素

在 Photoshop 中,像素(pixel)是构建数字图像的基本单位,每一个像素就是一个方形"点",这些方形的"点"也称之为"栅格"。一幅位图图像就是由这些小的"点"组合而成,如图 1.3.1 所示。图像大小由像素高度和宽度相乘得到。

当用缩放工具将图像放大到一定的比例后,就可以看到图像中显示的马赛克效果。每个像素"点"都有不同的颜色值,单位尺寸内的像素点越多,分辨率(dpi)越高,图像的清晰度越好,图像越细腻,如图 1.3.2 所示。

图 1.3.1　　　　　　　　　　　　　　图 1.3.2

1.3.2　分辨率

分辨率是用来表现图像的清晰度,以像素每英寸为单位,指单位长度内所含有的点(即像素)的多少。同一单位中的像素点越多,图像就越清晰,文件体积越大;反之亦然。分辨率包括图像分辨率、屏幕分辨率、输出分辨率等。

(1)图像分辨率

图像分辨率就是每英寸图像含有多少个点或者像素,其单位为点/英寸(英文缩写为dpi)。用于屏幕显示文件的分辨率为72dpi,表示该图像每英寸含有72个点或者像素。

(2)屏幕分辨率

屏幕分辨率是网屏上每英寸的点数,是用每英寸有多少行或者线数来测量的。显示器分辨率取决于显示器的像素设置。

(3)输出分辨率

输出分辨率是指打印机等输出设备在输出图像时每英寸所产生的点数。印刷对每一台输出设备都有具体的设置和要求。对于灰度图,分辨率应设为半色调挂网频率1.5倍或者设为200dpi比较合适。对于彩色图像,最好把分辨率设为半色调灰度挂网的2倍或者设为300～350dpi。在相同尺寸的图像中,设置不同的分辨率,得到的印刷尺寸也不相同。如图1.3.3所示分辨率为300 dpi;如图1.3.4所示分辨率为150 dpi;如图1.3.5所示分辨率为72 dpi。

图 1.3.3

图 1.3.4

图 1.3.5

1.3.3　位图和矢量图

计算机记录图像的方式包括两种：一种是通过数学方式记录图像内容，即矢量图；另一种是用像素点阵方法记录图像内容，即位图。

（1）矢量图形

用矢量方法绘制出来的图形叫作矢量图形，如图 1.3.6 所示。矢量文件中的图形元素称为对象，每一个对象都是一个独立的实体，它具有大小、形状、颜色、轮廓等属性。由于每一个对象都是独立的，那么在移动或更改它们的属性时，就可维持对象原有的清晰度和弯曲度，并且不会影响到图形中其他的对象。

图 1.3.6

（2）位图

位图图像是由许多点组成的，这些点称为像素。当许许多多不同颜色的点组合一起后便形成了一幅完整的图像。位图图像在保存文件时，需要记录每一个图像的位置和色彩数据，因此图像像素越多，文件越大，处理速度也就越慢。但是由于能够记录下每一个点的数据信息，因而可以精确地记录色调丰富的图像，并且可以逼真地表现现实中的对象，达到照片般的品质。

提示：位图图像与矢量图像的比较

① 名称：位图——点阵图，栅格图，光栅图

　　　　矢量——向量

② 组成：位图——像素

　　　　矢量——图形对象

③ 放大：位图——失真

　　　　矢量——清晰

④ 软件：位图—— Photoshop

　　　　矢量—— Illustrator；CorelDRAW；AutoCAD

1.3.4　图像格式

图像文件有很多存储格式,这些文件格式在内部采用了不同的存储和压缩算法。在实际工作中,由于用途不同,要使用的文件格式也不一样。有一些文件格式在不同的领域已经比较流行,甚至成了一种默认格式。在 Photoshop 中有几种常用的保存格式。

(1)PSD

PSD 格式是 Photoshop 默认的图像保存格式,它可以保存文件中包含的图层、通道和颜色模式等图像编辑所用的数据信息,但保存体积较大,下一次修改时只需再打开图像即可。

(2)TIFF

标签图像文件格式(Tagged Image File Format,简写为 TIFF)是一种主要用来存储包括照片和图像的文件格式。TIFF 格式是一种应用非常广泛的无损压缩图像格式。TIFF 格式支持 RGB、CMYK 和灰度三种颜色模式,还支持使用通道、图层和裁切路径的功能。

(3)BMP

BMP 图像文件是一种 Windows 标准的点阵图形文件格式,最早应用于微软公司推出 Windows 操作系统。BMP 格式支持 RGB、索引颜色、灰度和位图颜色模式,但是不支持 Alpha 通道,这种格式的特点是包含的图像信息较丰富,几乎不进行压缩,占用磁盘空间较大。

(4)JPEG

JPEG 格式是一种高效的压缩图像文件格式,是一种使用率较高的文件格式。其优点是文件体积较小,存储方便,图像色彩质量表现较好。常用于网络及显示器方式下的图像文件显示。由于在存储的时候用肉眼无法分辨的图像像素被删除了,所以再次打开它时那些被删除的像素将无法被还原,这种类型的压缩文件称为"有损压缩"或"失真压缩"。

(5)EPS

EPS 格式是印刷系统使用的格式,主要用于文件的输出。EPS 的优点可在任何打印机上进行准确的效果呈现;缺点是屏幕显示可能与输出的显示不一致。屏幕显示呈现低分辨率,其清晰度降低。

(6)PNG

PNG 又称为"可移植网络图形格式"(Portable Network Graphic Format,PNG),是一种位图文件存储格式。PNG 格式可以替代 GIF 和 TIFF 文件格式,同时具有一些 GIF 文件格式所不具备的特性。PNG 具有无损压缩,体积小,清晰度高,重复保存而不降低图像质量等优点。

(7)GIF

GIF 格式的文件扩展名为 .gif。它是 CompuServe 公司制定的一种图形图像交换格式,由于它使用无损压缩的方式进行压缩而只能达到 256 色,其二维动画的文件体积较小,显示速度较快,所以这种格式广泛应用于网页的制作显示。

(8)PDF

PDF 格式是一种跨平台的文件格式,Photoshop PDF 格式支持标准 Photoshop 格式所支持的所有颜色模式和功能。Photoshop PDF 还支持 JPEG 和 ZIP 压缩。Photoshop 可直接打开 PDF 的文件,并可将其进行栅格化处理,变成像素信息文件;对于多页的 PDF 文件,可以在打开 PDF 文件的对话框中设定打开的是第几页文件。PDF 文件被 Photoshop 打开后便成为一个图层文件,可以将其存储为 PSD 格式。

1.3.5　色彩模式

在数字化的图像中,图像的颜色可以由各种不同的基色合成,也可以由不同的模型和方法来存储和再现。

(1)RGB

RGB 色彩模式,也翻译为"红绿蓝",是通过对红(R)、绿(G)、蓝(B)三个颜色通道的变化以及它们相互之间的叠加来得到各式各样的颜色。色彩模式使用 RGB 模型为图像中每一个像素的 RGB 分量分配一个 0~255 范围内的强度值。例如:纯红色 R 值为 255,G 值为 0,B 值为 0;灰色的 R、G、B 三个值相等(例如 R、G、B 值均为 200);白色的 R、G、B 值都为 255;黑色的 R、G、B 值都为 0。红、绿、蓝三个颜色通道每种色各分为 255 阶亮度,在 0 时"灯"最弱,是关掉的,而在 255 时"灯"最亮。RGB 颜色称为加色法,加成色用于电视和计算机显示器。

(2)CMYK

CMYK 色彩模式是一种印刷模式。其中 C——青色(Cyan);M——洋红色(Magenta);Y——黄色(Yellow);K——黑色(Black)。在 Photoshop 中,在准备印刷、打印图像时,应在新建文件时使用 CMYK 模式。如以 RGB 模式输出或直接打印,印刷品实际颜色将与 RGB 的显示器预览颜色有较大差异。

CMYK 为什么最后面的 K 是黑色,而不是 black 的第一个字母。主要是为了区别 RGB 中的蓝色 blue。CMYK 颜色称为减色法。

(3)灰度模式

灰度模式在 8 位图像中最多使用 256 级灰度。灰度图像的每一个像素有一个 0(黑色)到 255(白色)之间的亮度值,该模式可用于表现高品质的黑白图像。位图模式和彩色图像都可转换为灰度模式。使用黑白或灰度扫描仪生成的图像通常以灰度模式显示。

(4)位图模式

位图模式只使用黑白两种颜色中的一种表示图像中的像素。位图模式的图像也叫作黑白图像,它包含的信息最少,因而图像也最小。如果要把 RGB 模式图像转换成该种模式,需要先转换成灰度模式,然后再转换到位图模式。

(5)Lab 模式

Lab 模式是由国际照明委员会(CIE)于 1976 年公布的一种色彩模式。Lab 模式由三个通道组成,但不是 R、G、B 通道。它的一个通道是亮度,即 L;另外两个是色彩通道,用 a 和 b 来表示。a 通道包括的颜色是从深绿色(低亮度值)到灰色(中亮度值)再到亮粉红色(高亮度值);b 通道则是从亮蓝色(低亮度值)到灰色(中亮度值)再到黄色(高亮度值)。因此,这种色彩混合后将产生明亮的色彩。

如果将 RGB 模式图片转换成 CMYK 模式时，在操作步骤上应加上一个中间步骤，即先转换成 Lab 模式。

（6）索引颜色模式

分配 256 种或更少的颜色来表现一个由上百万种颜色表现的全彩图像称之为索引。索引颜色模式最多使用 256 种颜色。当转换为索引颜色时，Photoshop 将构建一个颜色查找表，用以存放并索引图像中的颜色。如果原图像中的某种颜色没有出现在该表中，则程序将选取现有颜色中最接近的一种，或使用现有颜色模拟该颜色。

1.4　Photoshop 基本操作

Photoshop 软件的基本操作和 Windows 操作平台上的其他软件的操作类型类似，主要包括：新建、打开、存储、关闭等基础操作。

1.4.1　开门三件事

（1）新建

执行"文件"→"新建"命令，或者使用快捷键 Ctrl＋N。

在建出的"新建"对话框中，"名称"为新建文件命名，默认名称为"未标题 1"。

"预设"的下拉列表中包括了一些常用尺寸规格的空白文档模板，也可以选择"自定"设置图像的宽度和高度。

"分辨率"使用的常用单位为像素/英寸，通常只在显示器上显示的分辨率为 72dpi，用于输出或印刷的分辨率为 300dpi 或 350dpi。

"颜色模式"用于输出或印刷时选择"CMYK"；用于显示器上显示时选择"RGB"。

"背景内容"设置新建图像背景图层的颜色，有 3 个选项：选择"白色"时，背景图层为白色；选择"背景色"时，新建文件背景与工具箱中设置的背景颜色一致；选择"透明"时，文件背景为棋盘格样式的透明文档。

提示：在第一次设置好文档的参数后，然后在第二次新建和前一次同样的文档时，按快捷键 Ctrl＋Alt＋N 键。

（2）打开

执行"文件"→"打开" 命令，或者使用快捷键 Ctrl＋O。

在"文件类型"后面默认为"所有格式"，在对话框中会出现当前文件夹中的所有文件。当选择具体格式时，在对话框中会列出当前选择的文件格式的所有文件。

提示：另两种方式也可打开文件：将图像图标直接拖动到 Photoshop 软件"工作区"中；在 Photoshop"工作区"中双击鼠标左键打开对话框。

（3）存储

执行"文件"→"存储" 命令，或者使用快捷键 Ctrl＋S。

"存储文件"常用于其他用途：一是当完成一幅作品时，需要把原文件存储为其他格式或存储在其他位置；二是对原图像进行修改调整，存储为另一文件名。

"作为副本"：如果启用该复选框，系统将存储文件的副本，但是并不存储当前文件，当前文件在窗口中仍然保持打开状态。

1.4.2　导入和导出文件

如果在其他软件中编辑的图像，在 Photoshop 中不能够直接打开，可以将该图像通过"导入"命令打开。在 Photoshop 编辑的文件也需要在其他软件中进行编辑，此时就需要将文件导出。执行"文件"→"导入"命令，可以将文件直接导入到 Photoshop 的工作区内。执行"文件"→"导出"命令，可以将 Photoshop 处理好的文件导出其他格式。

1.4.3　设置画布和图像大小

在建立文件时图像的大小已设置完成，在后期的制作修改过程中，有时需要重新调整画布大小及图像尺寸大小，能够有效地控制画面大小及分辨率将会有利于设计制作。

通过使用画布大小命令，可以调整画面的可编辑面积。可以从图像的四边添加或减小图像。

（1）改变画布大小

① 执行"图像"→"画布大小"命令。

② 输入宽度和高度值。两个参数是互相独立的，改变一个参数值不会影响另一参数值。然后在"宽度"和"高度"数值框中输入数值以增加对应的尺寸。

③ 可选操作，在"定位"选框区域中，处于中心的带点的区域代表现有的图像区域。单击箭头图标可相对于画布重新定位的图像。箭头指向的位置将添加新的画布区域。若要在图像顶部添加画布区域，则在"新建大小"对话框中增加"高度"值，然后单击底部定位箭头，没有箭头的区域则为添加画面的区域，如图 1.4.1 所示。

④ 在画布扩展颜色下拉列表中，为增加的像素选择颜色，如果想要自定义颜色，则选择列表中的其他选项或单击旁边的颜色块，选择需要的颜色。如果图像没有背景，则此选项不可用。

图 1.4.1

（2）改变图像大小的方式

① 执行"图像"→"图像大小"命令。

② 勾选"重定图像像素"和"约束大小"复选框。

③ 输入所需的宽度值，高度值会等比例改变，文件大小和像素大小将增加，如图 1.4.2 所示。

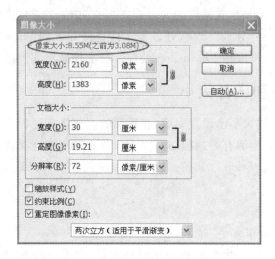

图 1.4.2

（3）不改变图像大小的方式

① 不勾选"重定图像像素"复选框。

② 输入所需的宽度值，高度值和分辨率会等比例改变，文件大小和像素大小将不会改变，如图 1.4.3 所示。

图 1.4.3

1.4.4 标尺和参考线

标尺和参考线在制作图像文件时可以定位准确的位置，从而帮助图像进行缩放、移动、比例调整等。

选择"视图"→"标尺"命令或者执行快捷键 Ctrl+R 打开或关闭标尺。

有了标尺后,可以从水平方向和垂直方向的标尺里拖出"参考线"。或者选择"视图"→"新参考线"命令,在弹出的"新建参考线"对话框中设置"取向"的位置,在"位置"里定位参考线的具体位置,如图 1.4.4 所示。

图 1.4.4

如果要删除某条参考线时,只需将参考线拖回到水平方向和垂直方向的标尺里即可,或者选择"视图"→"清除参考线",可将视图中所有参考线都删除。

1.4.5　智能参考线

智能参考线是具有自动对齐功能的参考线。使用"移动工具" 对某一对象进行操作时,通过智能参考线可以快速对齐其他的图像、形状、选区或文字等。

图 1.4.5

执行"视图"→"显示"→"智能参考线",可以关闭或开启智能参考线。"红线"即是智能参考线,可上下左右对齐对象,如图 1.4.5 所示。

第 2 章 Photoshop 工具

【本章学习重难点】

认识工具箱的使用方法及组成；

掌握创建图像选区的工具和相关命令；

掌握绘画工具的使用及相关命令；

掌握文字工具的使用及相关命令；

掌握编辑图像的辅助工具的使用和相关命令；

掌握工具面板的使用方法。

2.1 工具箱

若想了解正在使用的工具的功能，打开"信息"面板显示简要说明（工具提示）。如果没有看到工具提示，则在"信息"面板的右上角"三角形"菜单中选择"面板选项"命令，在打开的对话框中勾选"显示工具提示"复选框，如图 2.1.1 和图 2.1.2 所示。

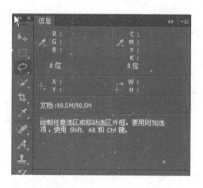

图 2.1.1

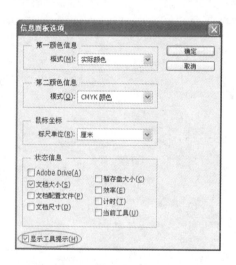

图 2.1.2

下面图像列出了工具箱中的所有工具及其功能，如图 2.1.3、图 2.1.4 和图 2.1.5 所示。

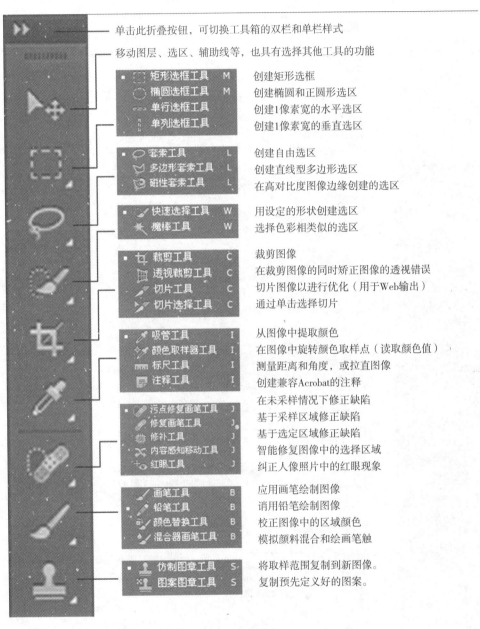

单击此折叠按钮，可切换工具箱的双栏和单栏样式

移动图层、选区、辅助线等，也具有选择其他工具的功能

矩形选框工具　M　　创建矩形选框
椭圆选框工具　M　　创建椭圆和正圆形选区
单行选框工具　　　　创建1像素宽的水平选区
单列选框工具　　　　创建1像素宽的垂直选区

套索工具　L　　创建自由选区
多边形套索工具　L　　创建直线型多边形选区
磁性套索工具　L　　在高对比度图像边缘创建的选区

快速选择工具　W　　用设定的形状创建选区
魔棒工具　W　　选择色彩相类似的选区

裁剪工具　C　　裁剪图像
透视裁剪工具　C　　在裁剪图像的同时矫正图像的透视错误
切片工具　C　　切片图像以进行优化（用于Web输出）
切片选择工具　C　　通过单击选择切片

吸管工具　I　　从图像中提取颜色
颜色取样器工具　I　　在图像中旋转颜色取样点（读取颜色值）
标尺工具　I　　测量距离和角度，或拉直图像
注释工具　I　　创建兼容Acrobat的注释

污点修复画笔工具　J　　在未采样情况下修正缺陷
修复画笔工具　J　　基于采样区域修正缺陷
修补工具　J　　基于选定区域修正缺陷
内容感知移动工具　J　　智能修复图像中的选择区域
红眼工具　J　　纠正人像照片中的红眼现象

画笔工具　B　　应用画笔绘制图像
铅笔工具　B　　调用铅笔绘制图像
颜色替换工具　B　　校正图像中的区域颜色
混合器画笔工具　B　　模拟颜料混合和绘画笔触

仿制图章工具　S　　将取样范围复制到新图像。
图案图章工具　S　　复制预先定义好的图案。

图 2.1.3

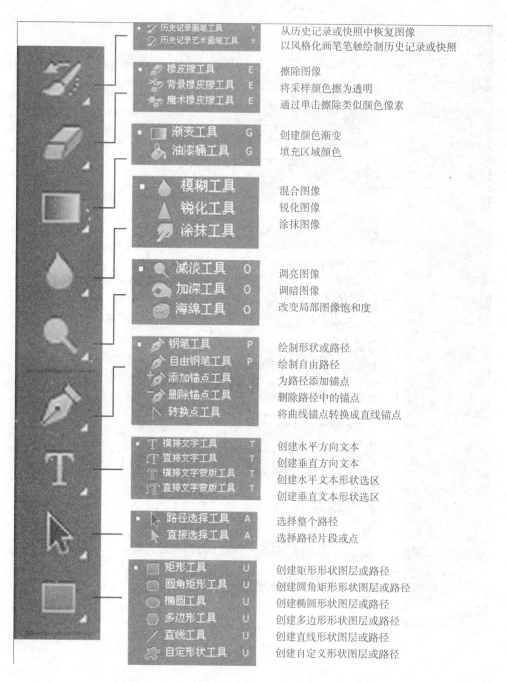

图 2.1.4

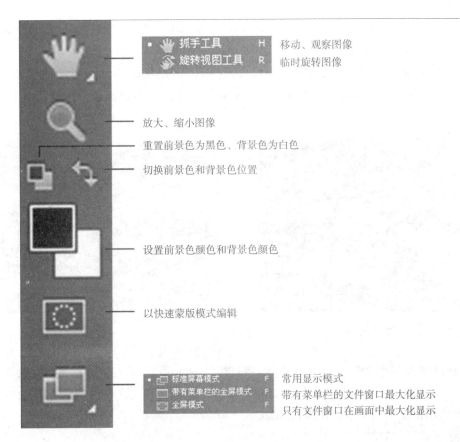

图 2.1.5

2.2　选区工具及命令

能够创建选区的工具都称为选区工具。但是选区的建立工具和方法有很多种，其中还包括一些菜单命令。可根据需要自行选择各工具及菜单命令。

2.2.1　矩形选框工具和椭圆形选框工具

选择"矩形选框工具"或"椭圆选框工具"（M 或 Shift＋M）。

按住 Shift 键可创建正方形选区或正圆形选区，若要从中心创建正方形选区或正圆形选区则按住 Shift＋Alt 键。在绘制选区时，其尺寸信息显示在"信息"面板中的 W 和 H 区域。矩形选框工具属性栏如图 2.2.1 所示。

图 2.2.1

（1）选区的增减与相交

"添加到选区" ⊡：在已有选区上增加选区。当鼠标指针变为十形状时，在图像窗口中再拖出一个选区，或者使用快捷键 Shift 键，如图 2.2.2 所示。

"从选区中减去" ⊡：从已有选区中减去部分选区，当鼠标指针变为十形状时，再在原有的选区上拖出一个选区，即可减去一部分区域，或者使用快捷键 Alt 键，如图 2.2.3 所示。

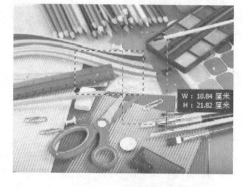

图 2.2.2 　　　　　　　　　　　　　　　图 2.2.3

"与选区交叉" ⊡：在画面中创建选区，当鼠标变为十形状时，在原有的选区上再创建一个选区，将留下两个选区的交叉部分。原有选区和新建选区相交的部分成为最终的选择范围。或者使用快捷键 Alt＋Shift 键，如图 2.2.4 所示。

（2）选区的羽化效果

如果让选区边缘有柔和的过渡效果，可设置选项栏中的"羽化"的数值。此参数值以像素为单位，"羽化"值可输入 0～250 像素之间的整数。羽化值的大小设置和图像的分辨率有关；羽化值的大小要以适合选择范围的大小进行设置。如果设置的羽化值大于选框的 50% 面积大小，会出现"警告"对话框，而不能进行羽化。先设置"羽化"值，再创建选区，后填充白色，如图 2.2.5 所示。

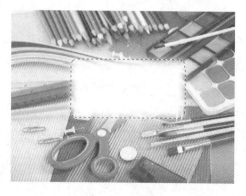

图 2.2.4 　　　　　　　　　　　　　　　图 2.2.5

在"矩形选框工具"和"椭圆选框工具"的工具属性栏中的"样式"下拉列表中有三种不同的选择方式,如图 2.2.6 所示。

图 2.2.6

"正常":可以自由创建选区的大小和形状,此方式为默认方式。

"固定比例":设定选区范围的宽度和高度的比例值。默认为 1∶1,创建的选区为正方形;如果设置宽度和高度的比例为 1∶2,则创建的选区的高度是宽度的两倍。

"固定大小":在高度和宽度框中输入的具体数值,只需在工作区中单击一次鼠标即可创建选区,也可手动托运选框重新重位。

"高度和宽度值互换"：可交换当前宽度值和高度值。

2.2.2　单行选框工具和单列选框工具

图 2.2.7

若要创建最小像素的选区,则选择"单行选框工具"或"单列选框工具",然后在图像中单击一次即可。例如,先选择"单行选框工具",在图像中点击一次进行创建,再选择"单列选框工具",按 Shift 键在图像中单击创建,将图像放大到 3200%,就可看到水平和垂直为 1 个像素的选区,如图 2.2.7 所示。

通常情况下,这两个工具主要用于将图像中已有的选区水平或垂直分割成若干块。

2.2.3　套索工具

使用"套索工具"可以在工作区中自由创建任意形状的选区。

点击鼠标左键不松开,在工作区中进行拖动,当释放鼠标时,选区的首尾端点将自动连接起来形成闭合区域。

若要使用"套索工具"创建直线,则按住鼠标左键不放,并按住 Alt 键单击创建直线(这时鼠标指针变为"多边形套索工具")。若要恢复"套索工具",则按住鼠标左键,释放 Alt 键继续拖动即可。

"消除锯齿":此选项可以使选区边缘平滑。

如果要在已有选区上进行增减选区和交叉选区,可以参考前面讲解"矩形选区工具"的使用方法。

2.2.4　多边形套索工具

使用"多边形套索工具"以直线边创建选择区域。此工具适用于边界多为直线的选区。

若要闭合选区,可执行以下操作:

在工作区中创建完成选区后,将光标移回起始点的位置,当光标旁出现小圆圈时,点击鼠标完成选区的创建,如图 2.2.8 所示。

在创建选区的过程中,可按住 Ctrl 键单击任一位置,光标旁出现一个小圆圈 ◌ 时,可结束选区的创建,如图 2.2.9 所示。

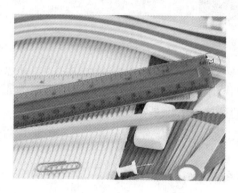

图 2.2.8

图 2.2.9

"多边形套索工具"和"套索工具"的工具属性栏一样,各选项功能也基本相同,只是作用于不同的形状而已。

提示:若要创建水平、垂直或 45°角选区线段,可以使用 Shift 键;按 Delete/Backspace 键,可以删除最近创建的一条线段。

2.2.5　磁性套索工具

使用"磁性套索工具"创建选区时,它可以自动捕捉图像中对比度较大的颜色边界区域,从而快速、精确地选取复杂图像的区域。"磁性套索工具"的工具属性栏和其他"套索工具"稍有不同;如图 2.2.10 所示。

图 2.2.10

"宽度":用于设置选取时能够检测到的边缘宽度,其取值范围为 0～40 像素。数值越小,所能检测到的范围越小,对于对比度较小的图像应设置较小的套索宽度。

"对比度":用于设置选取时边缘的对比度,其取值范围为 1%～100%。数值越大,边缘的对比度就越大,选取的范围就越精确。

"频率":用于设置选取时的节点数,其取值范围为 0～100。数值越大,所产生的节点数越多。

选项:用于设置绘图板的笔刷压力。只有安装了绘图板和相关驱动才有效,勾选此项套索的宽度将变细。

在使用"磁性套索工具"时,当经过对比度不大的图像边缘时,可自行添加捕捉点,方法是:单击一次可以手动添加一个捕捉点。

2.2.6 快速选择工具

快速选择工具、魔棒工具以及色彩范围命令,能够比选框和套索工具更自动化地创建选区。使用这些工具,可以轻松完成颜色边界检测,由此产生的选区比较精确。

如果要选择的区域有容易定义的边界,则不要使用套索工作,可以使用快速选择工具。使用此工具,只需要拖动出大概的形状,工具会自动检测和选择图形的颜色边界,而无需拖动出精确的轮廓。快速选择工具属性栏如图 2.2.11 所示。

图 2.2.11

选取"快速选择工具",在工作区中单击鼠标选择相应的图形。若要扩展选区,则在相邻区域单击或拖动,选区会自动扩展增加新选区。

"添加到选区":在已有的选择范围上,再添加颜色相近的选区,或者结合 Shift 键使用。

"从选区减去":在已有的选择范围上,减去颜色相近的选区,或者结合 Alt 键使用。

"对所有图层取样"复选框:决定是在当前图层还是在所有图层中检测颜色边界。

"自动增强"复选框:得到更顺畅、更精细的选区边缘。

:用来设置选择笔刷的大小。还可选择中括号键"["和"]"来缩小和放大笔刷大小,或者按住 Alt 键和鼠标右键在画面中拖动来更改笔刷大小。在图像中选择颜色相近的对象,如图 2.2.12 所示。连续选择位于右侧的瓶体,在较难选择的情况下可进行点击或拖选,如图 2.2.13 所示。

图 2.2.12

提示:可以将任何一种选区作为 Alpha 通道保存。选择"通道"面板,点击"将选区存储为通道",保存为黑白色的通道,便于在以后的使用过程中进行选择。

图 2.2.13

2.2.7　魔棒工具

使用魔棒工具，只需单击图像中的一种颜色，即会选中所有相同（或类似）的阴影或颜色区域。与"颜色范围"命令相类似，可以控制选择的像素范围，但与色彩范围命令不同的是，此工具允许向选区中添加其他颜色区域。魔棒工具属性栏如图 2.2.14 所示。

图 2.2.14

"容差"：用于设置选取的颜色范围，数值范围是 $0\sim255$，默认的情况下是 32。容差值越小，魔棒工具所选择的范围就越小；反之，容差值越大，表示相邻像素的近似程度就越小，选择的范围就越大。

"消除锯齿"：在使用选择工具前，勾选此复选框，选区边缘将渐隐成透明；未勾选复选框，选区边缘产生清晰的选区。勾选了"消除锯齿"的选框边缘，如图 2.2.15 所示。未勾选"消除锯齿"的选框边缘，如图 2.2.16 所示。

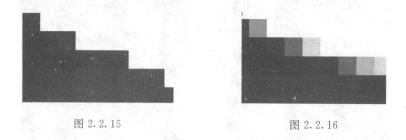

图 2.2.15　　　　　　　　　　图 2.2.16

"连续"：选取该复选框后，可以将图像中边缘的像素选中，否则可将连续和不连续的像素一并选中。

"对所有图层取样"：选中该复选框后，"魔棒工具"将对所有可见图层起作用；若不选择该选项，"魔棒工具"只能对当前图层起作用。

提示：用"魔棒工具"单击图像中的不同位置会得到不同的选取结果。另外，在原有选区的基础上，还可按住 Shift 键同时用魔棒工具多次在图像中单击来扩大选择范围。

提示：对于在不同色彩对比度的图像中建立选区，其中的"容差"值最初可调整为 30～40，可根据情况再次调整为 15～20，最终可调整为 5～10。若只要选择一种颜色或阴影，则将容差值设为 0 或 1。

（1）色彩范围命令

在菜单栏中"选择"→"色彩范围"命令，可在图像中单击一种颜色区域，并根据打开的对话框中的参数，该颜色或与其相关的颜色将组成选区。该对话框还提供扩大或缩小范围的控件。

该命令可以方便地选取图片并复制，就像一个功能更加强大的魔棒工具。除了以颜色差别来确定选取范围外，"色彩范围"命令还综合了选择区域的相加、相减、相似命令，以及根据基准色选择等多项功能，如图 2.2.17 所示。

"选择"："选择"下拉列表中显示取样颜色选项，"取样颜色"可使用吸管工具单击图像吸取取样的颜色；或者选择预设色彩范围，例如红色、黄色；或者选择亮度范围（高光、中间调或阴影）。

"本地化颜色族"：此选项可基于采样颜色创建更准确的色彩选区。

"颜色容差"：扩大或缩小选取颜色的选择范围。容差越小，能够选择的颜色范围越小。

"选择范围"：此单选项表示，在预览窗口中将以黑白图像显示被选范围，白色为被选择图像区域，黑色为没有被选择。

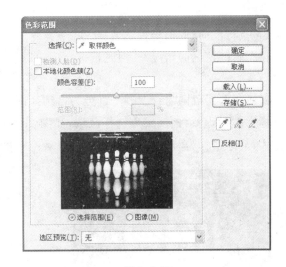

图 2.2.17

"图像"：此单选项表示预览窗口适合窗口比例模式显示图像文件。

"选区预览"：无表示没有预览；灰度将看到比对话选框预览更大的预览版本；黑色杂边查看以黑色为背景的选区；白色杂边查看以白色为背景的选区。

🖋 🖋 🖋：依次为，可单选一种颜色范围；可增加颜色的选取范围；可减少颜色的选取范围，可配合 Shift 键或 Alt 键增加或减少选取范围。

提示：按下 Ctrl 键可在对话框中选择范围和图像预览之间切换。

（2）选区的编辑和应用

使用工具箱中的工具创建了"流动的蚂蚁线"样式的选择范围后，可利用菜单命令对"流动的蚂蚁线"选框进行显示、隐藏和修改。

（3）隐藏和显示选区

如果选框边缘"蚂蚁线"干扰了正在编辑的图像，可以取消"视图"→"显示额外内容"（快捷键 Ctrl＋H）的选择，将选框进行隐藏。当选择了"选框工具"后，鼠标指针指向被隐藏的选框范围，鼠标变为🖑时，表示该区域有选框。此时的选框已被隐藏，如图 2.2.18 所示。

图 2.2.18

提示：如果"显示额外内容"命令没有效果，查看"视图"→"显示"→"选区边缘"命令是否为选择。

（4）执行反向、取消与重选选择

在有选择范围的情况下，对选框进行反向选择可执行"选择"→"反向"（Shift＋Ctrl＋I）命令。

如何在选择范围内查看哪一部分为已选择部分，可观察鼠标指标的样式，如果指向的区域鼠标为时，表示该区域为选择区域，如图 2.2.19 所示。如果鼠标指针显示为选框工具的样式，鼠标指针为"十"字形，则表示该区域没有被选择，如图 2.2.20 所示。

图 2.2.19

图 2.2.20

执行菜单栏中的"选择"→"取消"（Ctrl＋D）命令，或者在画面中单击任何位置。如果想再重新选择刚才取消的选择区域，执行"选择"→"重新选择"（Shift＋Ctrl＋D）命令。

（5）修改选区

在菜单栏中执行"选择"→"修改"→"边界"命令，是将原有的选区的边缘扩展一定的宽度，一般用于表现描绘图像轮廓的宽度。其扩大的是轮廓宽度，如图 2.2.21 所示。

图 2.2.21

执行选择"选择"→"修改"→"平滑"命令，可为选区的边缘消除锯齿。在"取样半径"文本框中输入 1～100 之间的整数，可以使原选区范围变得连续且光滑，如图 2.2.22 所示。

执行选择"选择"→"修改"→"扩展"命令，即可弹出"扩展选区"对话框，该命令可使选区的边缘向外扩大一定的范围。在"扩展量"文本框中输入 1～100 之间的整数值,即可将选区扩大,如图 2.2.23 所示。

　　　　图 2.2.22　　　　　　　　　　　　　　　　图 2.2.23

执行选择"选择"→"修改"→"收缩"命令,可将选区的范围向内缩小,与"扩展"命令正好相对。在"收缩"选区对话框,在"收缩量"文本框中可输入 1～100 之间的整数值,如图 2.2.24 所示。

执行选择"选择"→"修改"→"羽化"命令,可以柔化选区边缘和图像之间的过渡。该"羽化"功能和选区工具属性栏中的"羽化"效果相同,如图 2.2.25 所示。

　　　　图 2.2.24　　　　　　　　　　　　　　　　图 2.2.25

（6）扩大选取和选取相似

"选择"→"扩大选取"和"选取相似",都是用来扩大选择范围的,并且和"魔棒工具"一样,都是根据像素的颜色相似度来增加选择范围的。此外,这两个命令都是由"容差"来控制的,而且都是在"魔棒工具"属性栏中设定的。

使用方法是先选取小块选区,再从"选择"菜单中选择"扩大选取"或"选取相似"命令,这两个命令的不同之处在于:"扩大选取"命令只作用于相邻的像素;"选取相似"命令选取图像中所有颜色相近的像素范围,此命令在选取大面积颜色的情况下非常有用。

（7）移动选区

可以将选区移到图像中的不同区域,而不移动其中的内容。

① 移动选区的方法

选择任何可以创建选区的工具,并确保选项栏中的新选区按钮 █ 处于激活状态,将鼠标放在已有的选择范围之内,当鼠标指针变为 ▷ 时,可以将选框移动到画面中任意位置。如图 2.2.26 所示移动的只是"蚂蚁线"。

拖动现有的选区。若要限定以水平、垂直或 45°方向移动,则刚开始拖动时,可以按住 Shift 键。按方向键进行移动时,一次以一个像素移动选区或者按住 Shift 键和方向键一次以 10 个像素为单位移动选区。

使用选择工具,可以从一个图像窗口拖到进入另一个图像窗口。鼠标指针带了"十"字形,表示已进行了移动,如图 2.2.27 所示。如图 2.2.28 所示,"蚂蚁线"已移动进入另一个窗口。

图 2.2.26

图 2.2.27

图 2.2.28

若要变换选区(而不变换选框内的图像),执行"选择"→"变换选区",选择区域出现控制手柄,拖动控制手柄可以缩放、旋转、倾斜选区,如果同比例放大缩小对象,可以使用 Shift 键。或者选择任一种选框工具,在已有的选区内单击鼠标右键,在下拉菜单中选择"变换选区"即可。如图 2.2.29 所示单击右键出现下拉菜单。如图 2.2.30 所示只将选框进行缩小。

图 2.2.29　　　　　　　　　　　　图 2.2.30

② 移动选区中的内容

　　选择工具箱中的"移动工具"，将鼠标放在已有的选择范围之内，当鼠标指针变为 时，可以将选框中的内容移动到画面中任意位置，移动后形成的空白区域为白色，这是因为工具箱中的"背景色"为白色，且当前移动的图层为锁定状态。如图 2.2.31 所示单击右键出现下拉菜单。如图 2.2.32 所示将选框内的图像进行缩放。

图 2.2.31　　　　　　　　　　　　图 2.2.32

　　如图 2.2.33 所示此时图层为锁定状态。移动图像后留下白色空白区域。如果将当前移动的图层进行解锁（双击可进行解锁），形成的空白区域则为透明背景（灰白棋白格样式），如图 2.2.34 所示。

图 2.2.33

图 2.2.34

若要变换选区内的图像,执行"编辑"→"自由变换",或者在选框内点击鼠标右键在快捷菜单中选择"自由变换",可缩放、旋转和倾斜对象,若要同比例缩放,可按住 Shift 键。

(8)选区的应用

创建好选区后,可以对其进行应用,包括选区的描边和填充。

① 选区的描边

选区的描边是指沿着创建的选区进行边缘的描绘,可给边缘添加颜色和设置宽度。选择"编辑"→"描边"命令,弹出描边对话框,其中各选项如下,如图 2.2.35 所示。

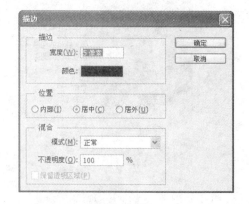

图 2.2.35

"宽度":设置描边的宽度值,其取值范围在 1~250 像素之间。

"颜色":初始情况下,一般是工具箱中的前景色。也可点开颜色方框,弹出"拾色器"对话框,可从中设置描边的颜色。

"位置":表示添加的边框线位于"流动蚂蚁线"的具体位置。"内部"在选框内部添加边框线;"居中"以选框线为中心添加边框线;"居外"在选框外部添加边框线。

"模式":设置边框线的混合模式。

"不透明度":设置边框线的不透明度。

② 选区的填充

选区的填充是指在有选择范围的情况下,可以在选框内填充内容识别、颜色、图案等。其参数设置如下:

"前景色"和"背景色":分别使用工具箱中的前景色和背景色填充选择范围。

"颜色":选择"颜色"的同时,弹出"拾色器(填充颜色)"对话框,在该拾色器中选择颜色填充选择范围。

"内容识别":将选择范围周围的图像拷贝到选框内填充。使选框内的图像与周围图像协调一致。

"图案":在"自定图案"下拉列表中选择需要的图案进行填充选框。

"历史记录":历史记录可以将执行填充过若干次的对象恢复到原始图像。

2.3　绘画与修饰工具

2.3.1　钢笔工具

钢笔工具包括 5 种类别,分别为:钢笔工具、自由钢笔工具、添加锚点工具、删除锚点工具和转换点工具。

如果要选取的图像边缘不规则、颜色差异不太大,用前面讲述过的方式都不能进行准确选取时,可使用"钢笔工具"沿图像边缘进行描出路径再转换成选区得到精准图像(图 2.3.1)。

图 2.3.1

"路径":下拉列表中共有三个选项,"路径"选项可以创建工作路径;"形状"创建形状图层;"像素"创建填充图形。

"建立 ▨▨▨▨▨▨":"建立"是 Photoshop CS6 新加的功能,可以使路径与选区、蒙版和形状间的转换更加方便。绘制完路径后单击"选区"按钮,可将路径转换为选区;"蒙版"按钮可以在图层中生成矢量蒙版;"形状"按钮可以将绘制的路径转换为形状图层。

"绘制模式" ▨:其用法与选区相同,可以实现路径的相加、相减和相交等运算。

"对齐方式" ▨:可以设置路径的对齐方式。有两条以上的路径情况下可用,与文字的对齐方式类似。

"排列顺序" ▨:设置路径的排列方式。

"橡皮带" ▨:可以设置路径在绘制的时候是否连续。

"对齐边缘" ▨对齐边缘:将矢量形状边缘与像素网格对齐。选择"形状"选项时,对齐边缘可用。

"自动添加/删除"：可以实现自动添加和删除锚点的功能。如果勾选此选项，当钢笔工具移动到锚点上时，钢笔工具会自动转换为删除锚点样式；当移动到路径线上时，钢笔工具会自动转换为添加锚点的样式。

(1)绘制路径

路径是由锚点组成的。锚点是定义路径中每条线开始和结束的点，可以通过它们来固定路径。通过移动锚点，可以修改路径段以及改变路径的形状。锚点有直线锚点和曲线锚点，曲线锚点有控制手柄，如图 2.3.2 所示。

路径又分为闭合路径和开放路径。闭合路径首尾相连，如椭圆形或复杂形状；开放路径首尾不相连，如曲线段、直线段。如图 2.3.3 显示的分别是开放路径和闭合路径。

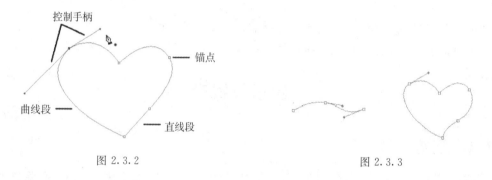

图 2.3.2   图 2.3.3

(2)绘制简单图形

① 新建一个空白文件，选择"钢笔工具" ，在钢笔工具属性栏"类型"选择："路径"。

② 在绘图工作区点击鼠标左键，绘制路径的第一个锚点。如图 2.3.4 所示为路径线段的起始点。

③ 移动鼠标到另一位置处单击，即可在该点与起点间绘制一条线段路径。如图 2.3.5 所示在左上角绘制第二个点。

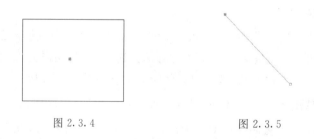

图 2.3.4   图 2.3.5

④ 同样继续移动鼠标到下一位置单击，当鼠标指向起点位置时，钢笔工具旁出现带圆圈的钢笔，点击结束目前的编辑，创建一条封闭的路径，如图 2.3.6 所示。

⑤ 将鼠标指向要添加锚点的路径，鼠标指针变为 ，在路径上单击可添加锚点。在原有的路径上添加、删除和变换直线为曲线，可改变路径的外形，如图 2.3.7 所示。

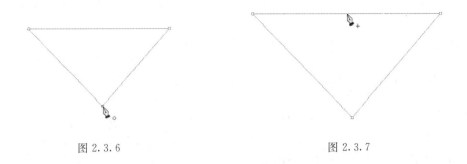

图 2.3.6　　　　　　　　　　　　　　图 2.3.7

⑥ 添加后的锚点有左右两个"控制手柄"，调整"控制手柄"的锚点可编辑路径。将鼠标指针指向刚才添加的锚点，按下 Ctrl 键，鼠标指针变为 ▶，可移动刚添加的锚点，如图 2.3.8 所示。

⑦ 将鼠标移向控制手柄，按下 Alt 键，当鼠标指针变为 ↖ 时，可调整"控制手柄"方向。依次将锚点上的两个"控制手柄"向上抬起，如图 2.3.9 所示。

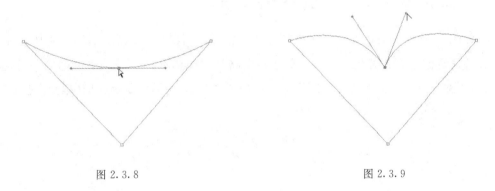

图 2.3.8　　　　　　　　　　　　　　图 2.3.9

⑧ 将直线锚点转换为曲线锚点。将鼠标移向锚点，按下 Alt 键，当鼠标指针变为 ↖ 时，可将锚点拉出两条"控制手柄"，即可将直线段转换为曲线段；另一边也如此调整，如图 2.3.10 所示。

⑨ 最后，可配合 Alt 和 Ctrl 键慢慢修整完成，如图 2.3.11 所示。

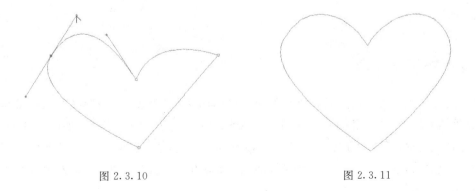

图 2.3.10　　　　　　　　　　　　　图 2.3.11

提示：如果要结束正在编辑的路径，按住"Ctrl"键，鼠标单击路径以外的任何区域；这时也可以在其他位置绘制新的路径。

提示：如果要绘制水平、垂直或 45°角的路径时，可以使用 Shift 键。

2.3.2 自由钢笔工具

绘制时点击鼠标左键在工作区中拖动，会自动生成锚点，产生的线段即为路径。绘制的路径为不规则路径（其与磁性套索工具相同，区别在于前者建立的是选区，后者建立的是路径）。自由钢笔工具的工具属性栏，如图 2.3.12 所示。

图 2.3.12

"磁性的"：此选项可以沿图像颜色的边界创建路径（类似磁性套索工具）。

2.3.3 添加锚点工具和删除锚点工具

点选此工具，对已有的路径线段添加和删除锚点。当鼠标指针指向路径，变为 时，可在路径的任意位置添加锚点。当鼠标指针指向路径上的锚点，变为 时，可在任一个锚点上单击，删除锚点。鼠标指向"路径"添加锚点如图 2.3.13 所示。鼠标指向"锚点"进行删除如图 2.3.14 所示。

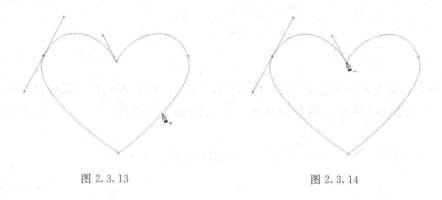

图 2.3.13　　　　　　　　　　　　　　　图 2.3.14

2.3.4 转折点工具

在"尖突锚点"（尖突锚点没有控制手柄）上拖动鼠标，使其变为"平滑锚点"（平滑锚点都有控制手柄）；或者在"平滑锚点"上点击一次鼠标，使其变为"尖突锚点"。如图 2.3.15 所示指向左边"尖突锚点"拖动鼠标。如图 2.3.16 所示"尖突锚点"转换成"平滑锚点"。

提示：如果在选择"钢笔工具" 的情况下，可按住 Alt 键转换为"转折点工具"，将曲线段转换为直线段。

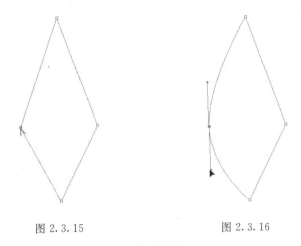

图 2.3.15　　　　　　　　　　　　图 2.3.16

2.3.5　路径选择工具

　　"路径选择工具"可以选择一个或多个路径并对其进行移动、组合、对齐、分布和复制等操作,当路径上的锚点全部显示为黑色时,表示该路径被选中。例如,在需要选择的路径上单击,当该路径上的锚点全部显示为黑色时,表示这个路径被选中,如图 2.3.17 所示。

　　按下"Shift"键再单击路径,可以选择多个路径;按下"Shift"键再单击已选中路径,可以取消选中的路径。拖动鼠标左键,在图像工作区中进行框选路径,可同时选择多个路径,如图 2.3.18 所示。

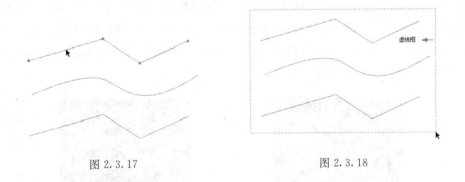

图 2.3.17　　　　　　　　　　　　图 2.3.18

2.3.6　直接选择工具

　　可以选择路径、路径段、锚点,移动锚点和方向点,从而达到调整路径的目的。使用鼠标在路径上单击,该路径上所有的锚点全部以"白色线框"方式显示,表示该路径被选中。

　　另外,如果使用"直接选择工具"对当前路径进行框选,也可将所有锚点全部选择中。如图 2.3.19 所示对锚点可移动,对控制手柄可进行拖拽。

　　提示:在使用"钢笔工具" 时,可按住 Ctrl 键,鼠标指针变为"直接选择工具" ,可编辑移动锚点位置,还可将锚点上的"控制手柄"进行调整方向,从而达到曲线的效果。

提示：在使用"钢笔工具"的情况下，按下 Ctrl＋Alt 键，当鼠标指针变为 时，可拖动复制路径到其他位置（复制的仅为树叶外部激活锚点的路径，内部未选择的路径将不复制），如图 2.3.20 所示。

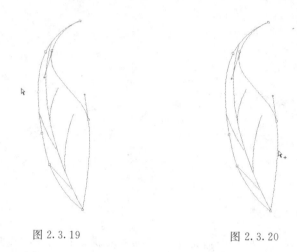

图 2.3.19   图 2.3.20

（1）路径面板

：用来删除当前路径。选择要删除的路径层再点选删除按钮；或者将要删除的路径层直接拖动到此按钮上，可直接删除路径层。如图 2.3.21 所示直接拖动路径层到删除图标上。

：在当前"路径"面板新建路径层。如果要保存路径，可执行将"工作路径"拖动到"创建新路径"按钮上。另一种方式，双击"工作路径"层，弹出"存储路径"对话框，点"确定"即可。将"工作路径"拖动到"创建新路径"按钮，鼠标变为"抓手"图标，如图 2.3.22 所示。路径"名称"可自行设定，如图 2.3.23 所示。

图 2.3.21   图 2.3.22

如果要复制路径层，可选择某一路径层（已保存路径）直接拖动到此按钮上，可进行复制，名称以"副本"保存，如图 2.3.24 所示。

图 2.3.23　　　　　　　　　　　　　图 2.3.24

提示：名称为"工作路径"的路径层为未保存路径，除此以外的路径都为保存路径，例如名称为"路径 1"和"pinecone"的路径都为已保存过的路径层。

:为当前路径选区创建图层蒙版。如果当前路径层有"流动的蚂蚁线"，点此图标，会在图层上创始蒙版图层，有选框的区域呈白色，其他区域为黑色，如图 2.3.25 所示。

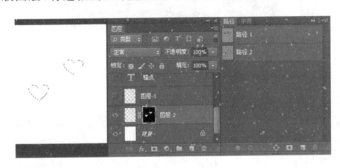

图 2.3.25

:将选区转换化为工作路径。对于较光滑的选框边界，创建的"工作路径"可能和选框有误差，后期需自行手动调整。

:将路径转化为选区。可使用快捷键 Ctrl＋Shift（将工作区中所有可见路径转换成选区），或者按住 Ctrl 键点击当前路径层的缩览图，可将当前路径层转化为选区，如图 2.3.26 所示。

:用画笔描边路径。对"路径"进行描边前，需要将画笔（或铅笔）的各属性参数调整好，还有将工具箱中的前景色设置好。

:用工具箱中的前景色填充路径。

提示：如果路径层为较亮的灰色，表示当前路径为选择状态，如果要取消路径层的选择，可点击路径面板的空白区域，如图 2.3.27 所示。

提示：当"图层面板"中有"图形""路径"和"选框"的情况下，在选择对象时（Ctrl＋T），会先选择路径，如图 2.3.28 所示。

图 2.3.26

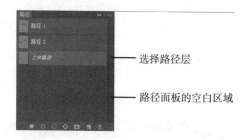

选择路径层

路径面板的空白区域

图 2.3.27

图 2.3.28

2.3.7 画笔工具

画笔工具可绘出边缘柔和的效果。画笔工具是工具箱中较为重要及复杂的一款工具，要学会一些属性设置，如设置画笔大小、硬度、不透明度、流量等，并能按自己的喜好调节出所需的画笔效果。它是鼠绘爱好者常用的绘画工具。画笔工具的工具属性栏如图 2.3.29 所示。

图 2.3.29

画笔：单击该按钮在打开的下拉列表中选择画笔大小以及画笔硬度，可选择预设的画笔样式，如图 2.3.30 所示。

"大小"：设置画笔的大小，或在"画笔样式"里选择已设置好的画笔大小及样式。

"硬度"：设置画笔边缘的光滑程度。数值为 0% 时边缘柔和，光滑度差；数值为 100% 时边缘光滑，光滑度较好。

"调板菜单"：在下拉菜单中选择软件自带的画笔的样式和类型，可复位画笔、载入画笔和存储画笔。

"存储画笔预设"：将创建好的画笔保存在"画笔样式"面板的最后位置，以便下次使用时选择。

"画笔预设面板" ：点击展开"画笔预设面板"。主要包括"画笔预设""画笔笔尖形状"

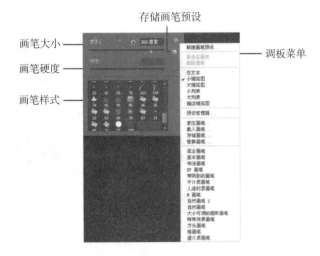

图 2.3.30

选项,勾选列表框左侧的复选框可在不查看选项的情况下启用或停用选项。

"模式":在"模式"后面的弹出式菜单中可选择不同的混合模式,即绘制的图像与下一图像图层的混合模式;可根据需要从中选取一种着色模式。

"不透明度":设定画笔的"不透明度",设置画笔颜色的透明度,数值在 0％～100％。数值为 0％时,画笔是透明的。

"绘图板压力控制不透明度"：设置绘图板的压力值。

"流量":此选项设置与不透明度有些类似,指画笔颜色的喷出浓度,这里的不同之处在于不透明度是指整体颜色的浓度,而喷出量是指画笔颜色的浓度。

"启用喷枪模式"：点击图标凹下去表示选中喷枪效果,再次单击图标,表示取消喷枪效果。"流量"数值的大小和喷枪效果作用的力度有关。

(1)画笔面板

"画笔"面板中画笔的复选框参数属性更详尽,可以对画笔进行更细致的设置。按"F5"快捷键,可以快速打开和关闭"画笔"面板,或者执行"窗口"→"画笔"命令,如图2.3.31 所示。

图 2.3.31

"翻转 X/翻转 Y":启用水平或垂直的画笔翻转。

"角度":用来设置画笔长轴的倾斜角度,即偏离水平线的距离。

"圆度":设置椭圆短轴和长轴的比例关系。当圆度为 100％时为正圆。可直接输入数值,可也在画笔形状编辑框拖动圆坐标,来设置画笔的圆度和角度。如图 2.3.32 所示为拖动调整椭圆形笔头样式。如图 2.3.33 所示为调整笔头参数及绘图样式。

硬度为0%　　　　硬度为100%

角度为45°　圆度为0%　　　角度为45°　圆度为45%

图 2.3.32　　　　　　　　　　图 2.3.33

间距：设置画笔笔尖的间距。每一个圆点即为一个笔画样式，多个圆点缩小"间距"即可连成一条"线"，"间距"的调整范围为 0%～1000%，数值越大，圆点与圆点之间的距离越大。默认间距为 25%。如图 2.3.34 和图 2.3.35 所示为间距为 145% 和间距为 25% 的画笔样式。

图 2.3.34　　　　　　　　　　图 2.3.35

提示：若要绘制直线和斜线、45°角倍数，使用 Shift 键。若需要临时使用吸管工具采样颜色，使用 Alt 键在图像上单击即可。若要通过键盘更改画笔笔头大小，按下"["或"]"。

2.3.8　铅笔工具

"铅笔工具"和"画笔工具"的区别是其硬度较大，其常用属性与"画笔工具"一致。铅笔工具的工具属性栏如图 2.3.36 所示。

图 2.3.36

"画笔"：为 1 像素时，铅笔的笔头样式就会变成一个小方块，一个方块即为一个像素。方块与方块之间也会自动生成一个像素大小的白色空格。利用这种特性可创作简单的像素画，如图 2.3.37 所示。

"自动涂抹"：在勾选的情况下，用前景色和背景色交替绘制同一图形区域。画笔笔头中间的"+"一定要与上一层图形相重合才能出现颜色交替，如图 2.3.38 所示。

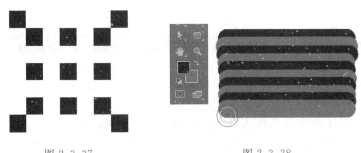

图 2.3.37　　　　　　　　　　　　图 2.3.38

提示："铅笔工具"的硬度无论设置成多少，其边缘不会发生改变。

2.3.9　橡皮擦工具

橡皮擦工具用来擦除图像中多余的区域。如果在背景图层或在被锁定的图层中工作，擦除的区域将更改为背景色；此外擦除区域将被抹成透明背景（即灰白棋盘格样式）。

"魔术橡皮擦工具"在于它只擦除与单击颜色相似的颜色图像，使用"容差"来设置擦除的范围。橡皮擦工具属性栏如图 2.3.39 所示。

图 2.3.39

"模式"：画笔，具有边缘柔和虚化效果；铅笔，硬边擦除效果；块，固定方块擦除对象，不能改变其大小、不透明度值和流量参数。不同模式下的画笔样式如图 2.3.40 所示。

图 2.3.40

"不透明度"：以定义抹除强度。100% 的不透明度将完全擦除图像；较低的不透明度图像将呈现半透明效果。

"流量"：指工具擦除图像的速度。

"抹到历史记录"：要抹除图像的已存储状态或快照。要临时"抹到历史记录"请按住 Alt 键并在图像中拖移。

2.3.10　渐变工具

渐变是两个或两个以上的不透明或半透明颜色之间的混合过渡。渐变工具属性栏如图

2.3.41 所示。

图 2.3.41

"编辑渐变":单击渐变颜色色条后面的扩展按钮,会弹出渐变面板,在面板中可以选择预设的渐变样式,也可以自己定义渐变样式。单击"编辑渐变"可打开"渐变编辑器"窗口,可设置渐变编辑器的各个属性,如图 2.3.42 和图 2.3.43 所示。

图 2.3.42

图 2.3.43

"预设"是软件自带的渐变样式。可按 Alt 键在渐变样式上单击,进行删除。要保存渐变样式,点击"新建"按钮。

"名称"显示当前选择的渐变样式的名称。

"渐变效果预览条"中位于上部的方形按钮,可以调节颜色的不透明度和颜色所处的位置,也可单击拖动调节方形按钮所处的位置。

位于下部的方形按钮,用来调节颜色的色值和颜色所处的位置,单击"更改所选色标的颜色"弹出颜色拾色器对话框,选择所需的颜色。

如果删除渐变色,可选择方形按钮再执行"删除"按钮,或者将方形按钮拖离渐变条。如果要在预览条上添加颜色,可单击渐变效果预览条任意位置。

"渐变样式":线性渐变、径向渐变、角度渐变、对称渐变和菱形渐变。线性渐变为黑色渐变样式。对于渐变样式,拖动的长短不同,效果也不相同。拖动渐变线的长度越长,颜色之间的过渡效果越平滑;反之,颜色之间的过渡越小。如图 2.3.44 所示渐变线较长,过渡平滑。如图 2.3.45 所示渐变线较短,色彩过渡区域较小。

 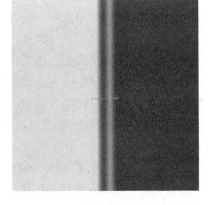

图 2.3.44　　　　　　　　　　　　　　　图 2.3.45

"反向"：是将颜色按反向顺序排列制作渐变效果。选择"反向"后，蓝色在左，黄色在右，如图 2.3.46 所示。

图 2.3.46

"仿色"：仿造颜色，用较少的颜色表达丰富的色彩过渡，形成平滑的过渡效果。

"透明区域"：指对渐变制作使用透明蒙版。

2.3.11　油漆桶工具

油漆桶工具是填色工具，填充颜色为单一色，可以快速对选区、画布、色块填充前景色或填充图案。在色块上填色，需要先设置好"容差值"。配合吸管工具，可提取需要的色彩进行填色。油漆桶工具属性栏如图 2.3.47 所示。

图 2.3.47

"填充区域":前景,填充的是工具箱中的前景色;图案,填充的是连续的图案。当选中图案选项时,弹出"图案拾色器"对话框可选择填充的图案。

"模式":在下拉菜单选择填充颜色或图案的图像混合模式。

"不透明度":用来定义填充的不透明度。

"容差":用来设置填充颜色的范围。数值越大,可填充的范围就越大。默认值为32。

"消除锯齿":使填充的边缘保持平滑。

"连续的":勾选此项,填充的是与鼠标单击点相似的所有区域;若不勾选此项,填充的是鼠标单击一次的区域。

"所有图层":此选项"图层"有关,操作对所有的图层都起作用。

提示:填充选框区域或是整个画布时,可使用快捷键 Alt+Delete(填充前景色)或 Ctrl+Delete(填充背景色)。

2.3.12　仿制图章工具

仿制图章工具可以将一幅图像的取样点作为涂抹内容,可以将该取样点涂抹到同一图像或另一幅图像中。仿制图章工具也是专门的修图工具,可用来修复图像、去除杂色、填补空缺。在取样的地方按住 Alt 键取样,在需要修复的地方涂抹即可。

图案图章工具是使用系统自带的图案或自定义的图案涂抹指定的区域,而不是复制工作区中的图像。仿制图章工具属性栏如图 2.3.48 所示。

图 2.3.48

"对齐":勾选该项,可以多次取样图像,所涂抹出来的图像仍是取样点图像;若未选中该选项,则复制出的图像将不再是同一幅图像,而是多幅以基准点为模版的相同图像。

"不透明度/流量":设置笔刷的不透明度和流量,使仿制的图像更加自然。

提示:使用仿制图章工具提取图像时,提取的图像将保留在仿制图章上。如果重新取样可将前一次取样的图像覆盖掉。

2.3.13　模糊工具、锐化工具和涂抹工具

模糊工具主要用于柔化图像和硬边,主要是设置笔触大小及强度大小,然后在需要模糊的部分涂抹即可,涂抹得越久涂抹后的效果越模糊。常用于模糊背景突出主体物。如图 2.3.49 所示为原图,和图 2.3.50 相比较,模糊工具用来模糊远景,突出近景。

锐化工具与模糊工具相反,可以增加图像对比度,使图像清晰度增加。

涂抹工具可以模拟手指绘图在图像中产生流动的效果,被涂抹的颜色会随着鼠标的移动将图像延伸。该工具可以用来修改物体的外形样式,如磨皮或火焰。

图 2.3.49　　　　　　　　　　　　图 2.3.50

2.3.14　减淡工具、加深工具和海绵工具

减淡工具可以增加图像的亮度。选择减淡"范围"选项,选择阴影、中间调或暗部对图像的明暗层次进行减淡。

加深工具与减淡工具相反,通过降低图像的曝光度来降低图像的亮度。主要用来增加图片的暗部,加深图片的颜色。可修复曝光过度的图片,制作图片的暗角,加深局部颜色等。

海绵工具用来提高或降低图像的饱和度,可用来进行色彩较正。其中"去色"和"加色"模式可以互补使用,但无法为灰度图像加色。

2.3.15　形状工具

形状工具创建的是路径图层,而且创建的形状将生成一个单独的图层。它不同于普通图层,不但包含了普通图层的功能,而且还包含了路径层的功能。因此,使用形状工具绘制出的图像,进行变换、放大、缩小以及添加图层样式后,图像不会变模糊,还保持了相同的清晰度。形状工具子菜单如图 2.3.51 所示。

图 2.3.51

2.3.16　矩形工具

(1)矩形工具属性栏如图 2.3.52 所示。

图 2.3.52

形状:系统默认模式。路径,只能在"路径"面板中进行操作;像素,只能在"图层"面板中进行操作。

"形状":选择生成形状的类型。

"填充":设置形状填充的颜色或类型。

"描边"：设置形状描边的颜色或类型。与"设置形状填充类型"相同。

"描边宽度"：设置形状描边的宽度。

"描边类型"：设置形状描边时要使用的线条类型。

"宽度和高度"：在 W：文本框中输入矩形形状的宽度；在 H：文本框中输入矩形形状的高度。按下"链接形状的宽度和高度"按钮以后，在 W：文本框中再次输入宽度值，按下 Enter 键，H：文本框中的高度值会随之变化。

"路径对齐方式"：当创建多个子路径时，设置路径的对齐与分布方式。

(2)选择矩形工具在当前窗口拖拽绘制一个"矩形"，绘制的"矩形"在"图层"面板中形成一个新的图层，在"路径"面板中形成一个新的路径图层，如图 2.3.53 所示。

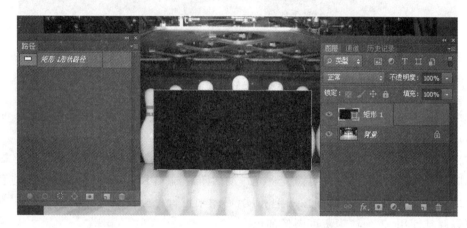

图 2.3.53

提示：选择"矩形工具"，在工作区中单击鼠标左键时，会弹出"创建矩形"对话框，输入相关宽度和高度值，如图 2.3.54 所示。

2.3.17　圆角矩形工具

"圆角矩形工具"可以创建圆角矩形或圆角正方形。

圆角矩形工具的工具属性栏与矩形工具的工具属性栏相比，多了一个"设置圆角的半径"选项，其他的属性设置和矩形工具都一样。

"半径"：设置矩形的圆角半径，如图 2.3.55 所示。

图 2.3.54

图 2.3.55

2.3.18　椭圆工具

椭圆工具的工具属性栏与矩形工具的工具属性栏基本相同,可以创建椭圆形和正圆形,也可以创建固定大小和固定比例的图形。

2.3.19　多边形工具

多边形工具的工具属性栏与矩形工具的工具属性栏基本相同。

:设置多边形的边数(或星形的顶点数),范围为 3～100。

点击按钮 ,打开一个下拉面板,如图 2.3.56 所示。

"半径":设置多边形或星形的半径长度,此后单击并拖动鼠标时将创建指定半径值的多边形或星形。

"平滑拐角":创建具有平滑拐角的多边形和星形。

"星形":勾选该项可以创建星形。在"缩进边依据"文本框中可以设置星形边缘向中心缩进的数值。勾选"平滑缩进",可以使星形的边平滑地向中心缩进。

2.3.20　直线工具

"直线工具" 可以创建直线或带有箭头的线段。直线工具的工具属性栏与矩形工具的工具属性栏基本相同。

直线工具的工具选项栏中包含了设置线条粗细的选项,如图 2.3.57 所示。

图 2.3.56　　　　　　　　　　图 2.3.57

在"粗细"的文本框中输入像素值,即可设置线条的粗细程度。

点击按钮 ,打开一个下拉面板,如图 2.3.58 所示。

"起点/终点":勾选"起点",可以在直线的起点添加箭头;勾选"终点",可以在直线的终点添加箭头。如果两项都勾选,则起点和终点都会添加箭头。

"宽度":设置箭头宽度与直线宽度的百分比,范围为 10%～1000%。

"长度":设置箭头长度与直线宽度的百分比,范围为 10%～5000%。

图 2.3.58

"凹度":设置箭头的凹陷程度,范围为 -50%～50%。该值为 0% 时,箭头尾部平齐;该值大于 0% 时,向内凹陷;该值小于 0% 时,向外凸出。

2.4 文字工具

文字工具创建文本时会自生成独立图层,因此对其进行编辑、移动、变形、添加样式操作时不会影响其他图层。

2.4.1 横排文字工具

横排文字工具符合现代人的书写和阅读习惯,行的长度随着字符的增加而加长,如果需要换行可按下 Enter。这种方式适用于少量的文字排版。横排文字工具属性栏如图 2.4.1 所示。

图 2.4.1

"切换文本取向":改换已有文字的排列方向,可将水平方向的文字转换为垂直方向的文字,或将垂直方向的文字转换为水平方向的。

"字体":设置文字的字体。在弹出的下拉列表中可以选择字体。

"字形":设置字体形态。只有某些具有该属性的字体,下拉列表才能激活,包括:Regular(规则的)、Italic(斜体)、Bold(粗体)、和 Bold Italic(粗斜体)、Black(加粗体)。Photoshop 将沿着字体边缘应用此透明像素,使文本看起来更平滑。如果选择"无",则文本的边缘呈锯齿状。

"字体大小":在下拉列表中选择固定的字体大小或直接在文本框中输入数值。或者将鼠标移动到"字体大小"图标 上,进行左右拖动,可增减字体大小。如果在拖动的时候按下 Alt 键,字体的大小增减将精确到小数点上。

"设置消除锯齿的方法":可以消除文字锯齿。

"对齐方式":包括左对齐、居中对齐和右对齐,在设置段落文字的排列方式时较明显。

"文本颜色":设置文字的颜色。单击可以打开"拾色器"对话框,从中选择颜色。

"创建文字变形":单击打开"变形文字"对话框,在对话框中可以设置文字变形样式。

"字符和段落面板":显示或隐藏"字符"和"段落"面板,调整文字格式或段落格式,或者执行"窗口"→"字符"命令。如图 2.4.2 和图 2.4.3 所示分别为"字符"面板、"段落"面板。

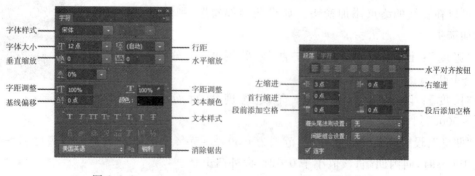

图 2.4.2   图 2.4.3

（1）创建文本

若要创建点文本（适用于少量文字），单击鼠标插入闪动的光标，可输入文本。如果结束当前文本编辑，可执行 Ctrl＋Enter，或在工具属性栏中执行"提交所有当前编辑"按钮。如果撤销当前文本的输入，可按下 Esc 键或执行"取消所有当前编辑"按钮。

在工作区中每单击一次"文本工具"就会自动生成一个新的文字图层。文本图层的缩览图都有字母"T"，并且以文本第一个或前几个文字作为文字图层的名称。如果更改了图层的名称，不会改变文字图层的内容。

按住 Ctrl 键的同时单击"缩览图"，如图 2.4.4 所示点击红色线框的位置。图层中的文字以选框的方式被选择。

双击文本，再按下 Ctrl 键可移动文本在工作区中的位置。双击图层面板中的缩览图，选择该图层中包含的所有文字，或者在文本中单击，执行 Ctrl＋A 全选快捷键。选择一行文字时，可在文本中三击该行。选择整篇文字时，可在文本中四击该行。

若要创建段落文本（适用于较多文字），可拖动文本工具，在工作区中创造段落文本选框，输入文本。文本会沿着选框的边缘处整齐排列，只需在另起新段时按下 Enter 键。

如果需要指定段落文本选框的具体大小，按住 Alt 键的同时在工作区中单击文字工具，弹出"段落文字大小"对话框，可输入具体的数值，如图 2.4.5 所示。

图 2.4.4

图 2.4.5

（2）点文本和段落文本的转换

在"图层"面板中，选中"段落文字图层"右点击键，在弹出的快捷菜单中选择"转换为点文本"命令。各行文本末自动添加换行符。

在有"点文本图层"的情况下，在弹出的快捷菜单中选择"转换为段落文本"命令。

或者执行"文字"下拉菜单中"转换为段落文本"命令。

（3）栅格化文本

若要为文本添加特殊编辑，如滤镜、笔触、填充命令为文本填充渐变、图案，必须对文本层进行栅格化处理，栅格化是将文字转化为图像的操作。

执行"文字"→"栅格化文字图层"命令，或者在文字图层上点击右键，在弹出的快捷菜单中选择"栅格化文字"，进行栅格化后的图层缩览图变为灰白的棋盘格样式的背景图层。

如果文本进行了栅格化就无法再修改其基本属性，如设置文字大小、颜色、字体、段落属性或对齐操作，而是具有了文字外形的图像。

2.4.2 直排文字工具

文字为纵向排列。其他的属性设置与"横排文字工具"相同。

直排内横排是指在直排文字行中进行横排文字。通过使用"直排内横排"命令，可以在直排文本中正确阅读数字、日期和英文等。

打开"字符"面板右上角的快捷菜单，选择需要直排的数字，选择"直排内横排"即可，如图 2.4.6 所示。

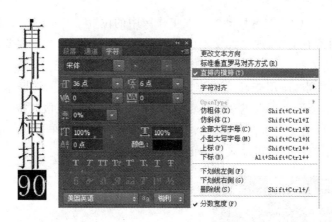

图 2.4.6

2.4.3 横排文字蒙版工具和直排文字蒙版工具

编辑文本图层作为蒙版图层应用。在工作区中执行文本的输入，文本以"流动的蚂蚁线"选框方式进行显示。

对文本选框可以创建新图层进行色彩的填充，或者执行"添加图层蒙版"对选框进行编辑。如果对文本选框移动位置，可按住 Ctrl 键。"横排文字蒙版工具"和"直排文字蒙版工具"在功能使用上相同。

2.5 编辑图像的辅助工具

2.5.1 裁剪工具

裁剪工具是将图像中被选取的图像区域保留，没有被选取的区域进行删除。裁剪的目的是移除多余的部分，快速获得需要的图像范围及尺寸。裁剪工具属性栏如图 2.5.1 所示。

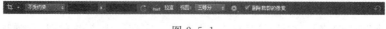

图 2.5.1

单击工具下拉按钮,可以打开工具预设选取器,在预设选取器里可以选择预设的参数对图像进行裁剪。

"不受约束":创建新的裁剪比例或选择下拉列表中已有的裁剪比例,默认为"不受约束"按钮。

"裁剪输入框":设置裁剪的长宽比。

"纵向与横向旋转裁剪框":设置裁剪框为纵向裁剪或横向裁剪。

"拉直":可以矫正倾斜的照片。

"视图":可以设置裁剪框的视图形式,可以参考视图辅助线裁剪出完美的构图。

"其他裁剪选项":设置裁剪的显示区域以及裁剪屏蔽的颜色、不透明度等。

"删除裁剪像素":勾选此项,裁剪完的图像将不可更改;不勾选此项,裁剪完毕后移动裁剪区域仍可显示裁剪前的图像,还可重新调整裁剪框。

(1)裁剪一寸照片

① 打开照片,选取"裁剪工具"在"不受约束"下拉菜单中选择"大小和分辨率",弹出对话框,在宽度和高度中设置一寸照片的尺寸 2.5cm×3.5cm,分辨率为 300dpi,如图 2.5.2 所示。

图 2.5.2

② 出现裁剪框后,将裁剪框移动到合适位置,双击裁剪区域或按回车键即可,如图 2.5.3 所示。

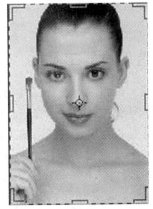

图 2.5.3

2.5.2　透视裁剪工具

该工具可以在裁剪的同时方便地矫正图像的透视错误,即对倾斜的图片进行矫正。透视裁剪工具的属性栏如图 2.5.4 所示。

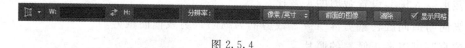

图 2.5.4

"裁剪参数输入框":输入裁剪图像的宽度和高度值,单位为像素。

"分辨率":设置裁剪后图像的分辨率。

"前面的图像":使裁剪后的图像与之前打开的图像大小相同。

"清除":单击该按钮可以清除输入框中的数值。

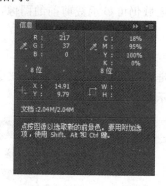

"显示网格":勾选后,显示裁剪框的网格;不勾选,则仅显示外框线。

2.5.3　吸管工具

吸管工具能够快速准确地提取颜色。使用"吸管"工具,可以提取图像中某一点的颜色,或者以提取点周围的平均色进行颜色取样,从而改变前景色颜色。使用吸管工具可以借助信息面板观察当前提取的颜色模式数值及提取点的坐标轴位置。信息面板如图 2.5.5 所示。吸管工具属性栏如图 2.5.6 所示。

图 2.5.5

图 2.5.6

"取样大小":单击"取样点"旁的三角按钮,可弹出下拉菜单,可选择取样范围的颜色平均值。

"样本":选取颜色的图层范围。

2.5.4　颜色取样器工具

颜色取样器工具相对于吸管工具功能稍微复杂一点,该工具可以在图像中定义四个取样点,提取 4 个不同地方的颜色,在信息面板可以查看每个取样点的颜色数值。通过这些数值可以判断图片是否有偏色或颜色缺失的信息,方便校色及对比,如图 2.5.7 所示。

在图像中按下 Ctrl 键用鼠标拖动取样点,可以改变取样点的位置。

如果想删除取样点,按下 Ctrl 键用鼠标将其拖出画布即可,剩下的取样点会自动调整排列序号。或者在取样点上单击右键,在弹出的快捷菜单中点击删除。如果要删除全部取样点时,可单击颜色取样器工具属性栏上的"清除"按钮。

如果定义超过四个取样点,会弹出禁止对话框。

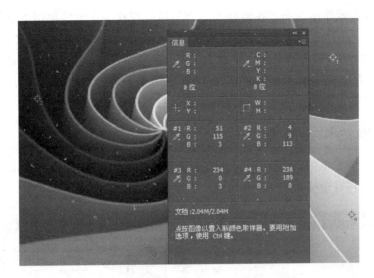

图 2.5.7

2.5.5　抓手工具

　　抓手工具可以在工作区中移动整个画布,移动时不影响图像所处的图层位置,抓手工具常常配合"缩放工具"一起使用。抓手工具属性栏如图 2.5.8 所示。

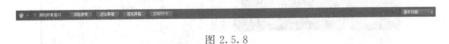

图 2.5.8

　　"滚动所有窗口":不勾选此项,使用抓手工具移动图像时,只会移动当前所选择的窗口内的图像;勾选此项,将移动所有已打开窗口内的图像。

　　"实际像素":在工作区中缩放图像实际尺寸。

　　"适合屏幕":在工作区中显示图像全貌。或者双击"抓手工具"。

　　"填充屏幕":将图像最大化填充整个工作区。

　　"打印尺寸":图像将缩放到适合打印的分辨率。

　　提示:使用工具箱中任何工具时,按住键盘上的"空格键"会自动切换到"抓手工具"。双击"抓手工具",可将当前图像以工作区窗口大小显示图像。

2.5.6　缩放工具

　　缩放工具又称放大镜工具,可以对图像进行放大或缩小。选择缩放工具并单击图像时,对图像进行放大处理;按住 Alt 键将缩小图像。

　　缩放图像时,每单击一次就会将图像放大或缩小到预设百分比,并以单击的点为中心缩放对象。图像最大为 3200%,最小为 0.2%。缩放工具属性栏如图 2.5.9 所示。

图 2.5.9

:用于放大或缩小视图。在两种工具之间切换按住 Alt 键。使用工具箱中的任一工具时,按 Ctrl＋＋放大或 Ctrl＋－缩小。双击"放大镜工具"将当前图像以实际像素显示。

"调整窗口大小以满屏幕显示":当放大或缩小图像视图时,窗口的大小即会调整。勾选此项,窗口会随着图像的缩放而变化;若未勾选,图像缩放将不会改变窗口大小。

"缩放所有窗口":勾选此项,可以同时缩放已打开的所有窗口图像。

2.5.7　前景色和背景色

点击前景色可弹出"拾色器(前景色)"对话框,如图 2.5.10 所示。点击背景色可弹出"拾色器(背景色)"对话框。

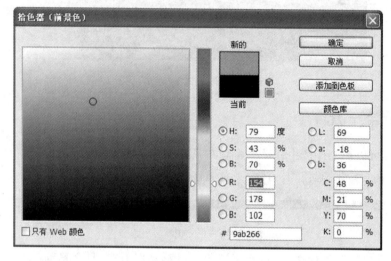

图 2.5.10

"新的":指当前选定的颜色。

"当前":指前一次选择的颜色。

在前景色与背景色之间切换,执行快捷键"X"键,或点击"切换前景色和背景色"按钮 。

若要恢复前景色为白色,背景色为黑色,执行快捷键"D",或用鼠标单击恢复"默认前景色和背景色"按钮。

(1)颜色面板

执行"窗口"→"颜色"可打开"颜色"面板。可以设置"前景色与背景色"。在右上角的三角形下拉菜单中可选择颜色模式。在面板下端的色条上可吸取所需的颜色,如图 2.5.11 所示。

(2)色板面板

执行"窗口"→"色板"可打开"色板"面板。鼠标指向色板上的小方块,变为吸管工具,可选取颜色到前景色中,如图 2.5.12 所示。

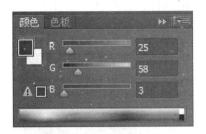

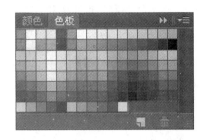

图 2.5.11　　　　　　　　　　　　　　　图 2.5.12

:创建前景色的新色板,或者点击色板上的灰色空余区域进行点击也可新建。

删除色板。选择一个色板直接拖动到此图标上即可;或者在色板上按 Alt 键,鼠标指针变为剪刀样式后在色板上单击,可删除一个色板,如图 2.5.13 所示。

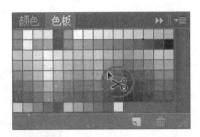

图 2.5.13

2.6　应用实例——牙膏字制作

(1)设计要求

通过工具箱中的钢笔工具、画笔工具、渐变工具进行牙膏字制作。

(2)制作步骤

① 建立一个新文件,16cm×12cm,RGB 模式,白色背景。

② 用钢笔工具绘制一个“lose”形状的路径,双击保存为路径 1,并复制该路径后生成路径 2,如图 2.6.1 所示。

图 2.6.1

③ 用"直接选择路径"工具选择路径 2 中除起始定位点以外的所有路径锚点,并删除。只保留红色圆圈中该路径的第一个锚点,如图 2.6.2 所示。

图 2.6.2

④ 选择铅笔工具,设置画笔直径为 30,硬度为 100,在路径面板底部点击"用画笔描边路径"图标,如图 2.6.3 所示。

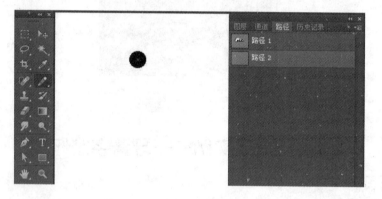

图 2.6.3

⑤ 用"魔棒工具"选择该点,选择渐变工具,对其进行渐变,如图 2.6.4 所示。

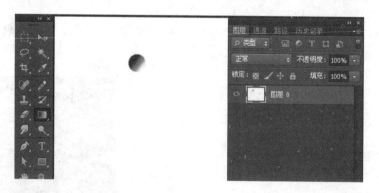

图 2.6.4

⑥ 用 Ctrl+D 取消选择。选择路径 1,选取涂抹工具,设置涂抹工具的大小为 29,硬度

为 100％，强度为 100％，执行"用画笔描边路径"按钮，如图 2.6.5 所示。

图 2.6.5

⑦ 最后效果，如图 2.6.6 所示。

图 2.6.6

第3章 图 层

【本章学习重难点】

了解图层的概念；

了解图层面板的组成；

掌握图层及图层组的基本操作；

掌握图层样式的创建和属性设置；

掌握调整图层的使用方法；

熟练掌握实例教程制作。

3.1 图层

图层：对于图层的理解，可以把它理解为一张张的透明纸，透过上面的图层可以看到底下的图层。通过更改图层的顺序和编辑图层属性，可以改变图像的样式。使用图层最大的好处，是可以使图像中的各个图层的元素互不影响，如图 3.1.1 所示。

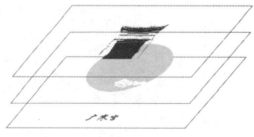

图 3.1.1

提示：Phtotoshop 的图层个数是由系统内存决定的，图层越多，保存的 PSD 格式文件占用的硬盘空间越大。在需要的情况下，为了节约硬盘空间可将图层进行合并后保存。

图层面板如图 3.1.2 所示。

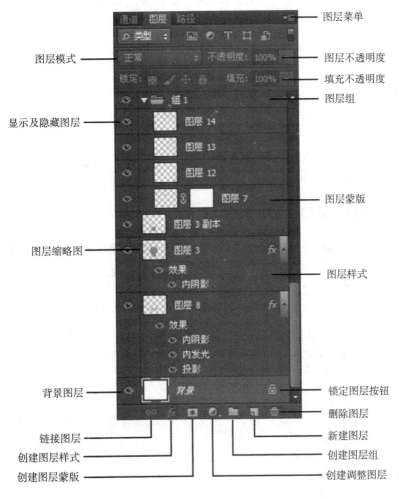

图层菜单

图层模式

图层不透明度

填充不透明度

图层组

显示及隐藏图层

图层蒙版

图层缩略图

图层样式

背景图层

锁定图层按钮

删除图层

链接图层

新建图层

创建图层样式

创建图层组

创建图层蒙版

创建调整图层

图 3.1.2

3.2　编辑图层

3.2.1　新建图层

方法一：图层面板下面有一个"创建新图层"按键，点击就可以新建图层。

方法二：在图层面板右上方点击三角形箭头，弹出快捷菜单，点击"新建图层"(Shift＋Ctrl＋N)命令。

方法三：点击菜单栏"图层"→"新建"→"图层"(Shift＋Ctrl＋N)命令。

3.2.2　复制图层

方法一：选中需要复制的图层，"图层"→"新建"→"通过拷贝的图层"(Ctrl＋J)命令。

方法二：拖动需要复制的图层到"图层"面板底部的"创建新图层"按键，复制的图层将会出现在所拖动图层的上方。

提示：当复制图层时，任何图层蒙版和该图层上的效果也一同复制。同样的，当复制智能对象图层时，该图层中任何的滤镜也将一同复制。

3.2.3 删除图层

方法一：选中要删除的图层，按下 Delete。

方法二：另一种删除的方法，选中图层单击"删除图层"图标，然后在弹出的对话框中单击"是"。或者将要删除的图层直接拖动到"删除图层"图标上，可直接将图层删除。

3.2.4 转换背景图层

在新建的文件中，都有一个带有锁的"背景图层"，该图层不能进行上下移动或更改图层顺序，不能改变图层不透明度、混合模式，不能添加蒙版或图层样式。此时，可以更改背景图层为普通图层，以应用图层的所有功能。

（1）将背景图层转换为普通图层

方法一：按 Alt 键并单击"图层"面板中的"背景图层"，将其转换成普通图层。

方法二：双击"图层"面板中的"背景图层"，出现"新建图层"对话框，点击"确定"按钮转换。

（2）将普通图层转换为背景图层

选中图层，执行"图层"→"新建"→"背景图层"。新建背景图层将出现在"图层"面板的最底部。

3.2.5 合并图层

合并命令，可以合并两个或多个选定的图层为一个图层。在编辑过程中使用此命令，可以减小文件体积或避免过多的图层在"图层"面板中的占位。

合并的相关命令，在菜单栏中的"图层"下拉菜单中，或者在"图层"面板的右上角的三角形下拉菜单中。

单击要合并的图层，可以使用 Ctrl 键选择不连续的图层合并，如图 3.2.1 所示。或者使用 Shift 键连续选择图层合并。

（1）向下合并

选择当前图层，执行"向下合并"命令，可以将当前图层和下一层图层进行合并。

（2）合并可见图层/拼合图像

将"图层"面板中所有的"图层"进行合并。合并后产生的图层名称为合并前选择的图层名称，如图 3.2.2 所示。

图 3.2.1

"拼合图像"的合并方式和"合并可见图层"一样,只是将合并后的图层变成"背景"图层,如图 3.2.3 所示。

图 3.2.2   图 3.2.3

提示:不管哪一种图层合并命令,其图层上的特殊功能(如图层样式、图层蒙版、调整图层)将不能再调整其属性。

3.2.6　图层与图层之间的对象和分布

如果图层上的图像需要对齐,除了使用参考线进行参照之外,还可以执行"图层"→"对齐"命令,如图 3.2.4 所示。

首先需要将各需要对齐的图层进行连续选择(可使用快捷键 Ctrl 键),执行"图层"→"对齐",在子菜单中可选择不同的对齐命令。

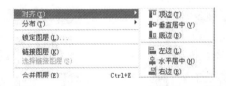

图 3.2.4

图 3.2.5

图 3.2.6

三个图像层分别置于三个图层上,在图层面板中将三个图层连续选择,执行属性栏中的
"水平居中"和"垂直居中"命令。在执行各项对齐和分布命令时,是以选中的图层为基准进
行的,如图 3.2.5 和图 3.2.6 所示。

3.2.7　图层组

文件中的图层较多时,需要进行分类归纳。图层组类似一个容纳器,可以将文件归类置
放,便于管理和查找,可以减少频繁上下移动滑块,提高工作效率,如图 3.2.7 所示。

将图层拖动到"组"上,图层将进行分类存放。可以将图层组按归类重起名称,双击组名更
改名称。置入组的图层前方有空格出现,没有置入组的图层前方没有空格,如图 3.2.8 所示。

图 3.2.7

图 3.2.8

在组上点击右键,弹出快捷菜单,选择"删除组",如果选择"组和内容",会将组和组内的
图层一并删除;如果选择"仅组",将组删除,组内的图层保留,如图 3.2.9 所示。

提示:PS 可以嵌套超过五层的图层组。

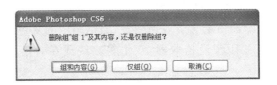

图 3.2.9

3.3　图层样式

图层样式可以运用到任何图层,但是不能用于被锁定的"背景"图层,除非先进行解锁。图层样式可以单独使用,也可以组合使用。对于已添加图层样式的图层,可进行双击图层,对样式再进行编辑更改。

文字图层在不进行删格化的情况下也可以使用图层样式。

3.3.1　创建图层样式

在需要添加图层样式的图层上进行双击,可打开"图层样式"对话框。或者选择图层,点击图层面板下方的添加图层样式 *fx*,可打开"图层样式"对话框。或者执行菜单"图层"→"添加图层样式"命令,如图 3.3.1 所示。

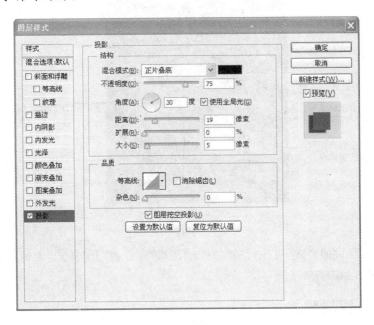

图 3.3.1

"样式":点击左侧的复选框对效果进行预览。

"使用全局光":如果勾选复选框,可为某一个效果设置调整角度,这种角度效果也会应用到其他选择"使用全局光"的效果中。此选项有将多个图层效果的光统一起来的效果。如果移动了图像,图层上的效果也会跟着移动。

"等高线":等高线预设选项定义了效果配置,缩览图中的灰色区域表示不透明度,白色区域表示透明度。若需要关闭预设拾取器,双击等高线或在对话框中单击鼠标即可,如图3.3.2所示。

使用阴影效果:使平面对象具有立体化效果。

使用发光效果:"外发光"和"内发光"图层样式可以为图像或文字边缘添加柔和的颜色。

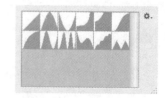

图 3.2.2

使用斜面和浮雕效果:斜面和浮雕效果包括内斜面、外斜面、枕形浮雕和描边浮雕四种效果,其选项基本相同,但制作出的效果却不同。通过增加阴影、高光和浮雕效果会增加对象的立体效果。如果需要其他变化,可以选择"等高线"选项设置。

使用光泽效果:光泽图层样式将光和阴影运用到对象上,具有光泽感和金属色泽。

使用叠加图层样式:渐变叠加和图案叠加图层样式可以运用于图像、形状和文字图层。

使用描边效果:为图像添加描边图层样式可模拟霓虹灯的效果,可用于文字和图形上。

提示:如果给选区添加图层样式,该选区不产生任何效果。

图层样式的各功能如图 3.3.3 所示。

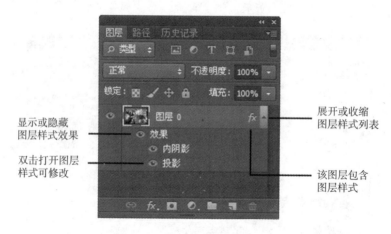

图 3.3.3

对图层添加预设的样式,可执行"窗口"→"样式"命令,打开"样式"面板。可对样式进行新建、添加、删除,如图 3.3.4 所示。

3.3.2 变换图层样式

若需要将图层样式独立到新的图层上,在图层样式的效果上单击右键,在快捷菜单中选择"创建图层"命令,"斜面浮雕"以剪切图层样式新建"斜面阴影"和"斜面高光"两个图层。"描边"图层样式新建"外描边"图层,如图 3.3.5 所示。

图 3.3.4 图 3.3.5

3.3.3 复制图层样式

按住 Alt 键的同时拖动任一图层样式名称,将其从一个图层拖动到另一个图层中,如图 3.3.6 所示。

在某一图层样式上单击右键,在快捷菜单中选择"拷贝图层样式",在目标图层上单击右键,在快捷菜单上选择"粘贴图层样式"。

可复制源目标图层上一个图层样式,也可复制源目标图层上所有图层样式。

3.3.4 移动图层样式

选择某一图层样式名称,直接拖动到其他图层上。此效果只会在目标图层上出现,源目标的图层样式被清除。

也可以将所有效果移动到其他图层上,选择图层样式上的"效果",拖动到目标图层上即可,如图 3.3.7 所示。

图 3.3.6 图 3.3.7

3.3.5　删除图层样式

将图层样式直接拖动到图层面板底部的"删除图层"按钮上,可删除图层上的某一图层样式,或者拖拽"效果"将图层上的所有样式都删除,如图 3.3.8 所示。

在图层样式上点击右键,弹出快捷菜单选择"清除图层样式"命令。

如果进行图层的合并,所有图层样式都会进行栅格化,图层样式将不能进行修改、删除和编辑。

图 3.3.8

3.4　调整图层

"图像"→"调整"子菜单中的命令对图层所生成的影响是不可恢复的,而"图层"→"新建调整图层"(或图层面板下方的"创建新的填充或调整图层"按钮)是结合了蒙版使用的图层,通过生成新的图层对图像进行调整,并不会对其他图层产生不可逆影响。

此外,调整图层可通过蒙版里的选区来调整其下方图层某一部分的效果,调整图层不增加文件大小。调整层有部分调整和全部调整,如图 3.4.1 所示。

图 3.4.1

3.4.1　创建调整图层

单击图层面板中需要进行调整的图层,点击"创建新的填充或调整图层"按钮 ,其中包括各种调整图层约 15 种,在"调整"面板中排列如下:色调调整位于最上面一行,色彩调整位于中间一行,而其他位于底部一行,如图 3.4.2 所示。

图 3.4.2

在"调整"面板中选择"色相/饱和度",弹出"属性"面板。"剪切到此图层"按钮 ，调整图层只应用于下方的第一个图层；再次单击取消剪切,图层样式会应用到调整图层以下的所有图层。

若要关闭最新的编辑,则按住"查看上一状态"按钮 或按住"/"键。若要切换回编辑,则释放该按钮。

"复位到调整默认值"按钮 ,取消当前的修改,并恢复过去的设置。

"切换图层可见性"按钮 和"图层"面板上的可见性图标应用相同。在隐藏状态下,调整图层会影响它下面的所有图层效果。

通过调整"属性"栏的"色相＋30""饱和度＋10"的值,可以影响下面图层的色彩效果(和上一图像相比较)。调整"属性"栏中"自然饱和度 1""自然饱和度＋100""饱和度－100"的值,对蒙版中的区域进行局部调整,如图 3.4.3 所示。

图 3.4.3

在"图层"面板中,各类型调整图层可以从独特的图标进行识别,图标显示在"图层"面板的图层缩略图中。

使用色阶调整图层:色阶有其自身的直方图,直方图显示当前图像的色调(暗调和亮调)值,直方图会随文件的编辑动态自动更新。

使用亮度/对比度调整图层:调节图像的亮度和对比度。

使用照片滤镜调整图层:如果要修改图像的色温,在拍摄照片时可在相机镜头前使用色滤镜。在拍摄后期可在 Photoshop 中添加"照片滤镜调整图层"模拟相机的色滤镜效果,使图像色调得到更好的效果。

使用黑白调整图层:可以去除图像颜色,变成黑白图像,但不会改变图像模式。

使用自然饱和度调整图层:可以为图层完全去色或者部分去色,以控制颜色的浓度。

使用色彩平衡调整图层:可以为图像应用暖色或冷色效果,或者用来去除不必要的变换效果。阴影、中间调和高光三个选项可以限定对特定的色彩范围进行调整。

使用色相/饱和度调整图层:色相/饱和度可以对图像中特定的颜色,调整其色相、饱和度或亮度。

使用曲线调整图层:使用曲线调整图像,可调整较小的色彩范围,可使用较精确的值。

3.4.2　合并调整图层

在调整图层上单击右键,在快捷菜单中选择合并命令。当向下合并调整图层时,应用的调整将对下层永久有效,如图 3.4.4 所示。

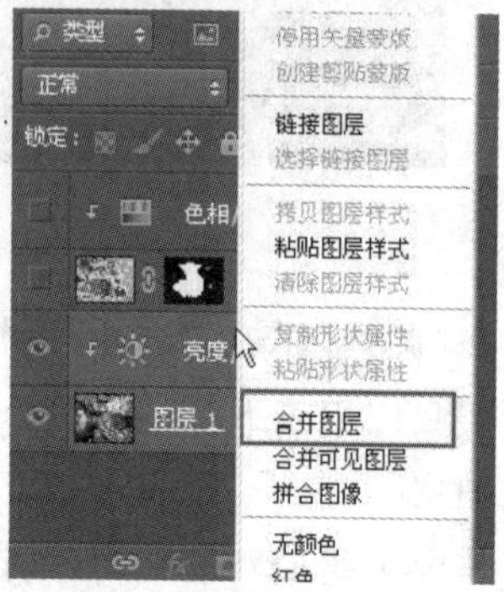

调整图层中不包含像素,进行合并后的调整图层将失去调整功能。但是,可以合并一个调整图层到另一个图像图层,可以使用拼合图像图层,或向下合并所有图层命令。

图 3.4.4

3.5　应用实例——iPad 界面设计

在进入案例练习之前,首先要了解清楚关于 iPad 界面设计的相关尺寸及分辨率,如图 3.5.1 所示。

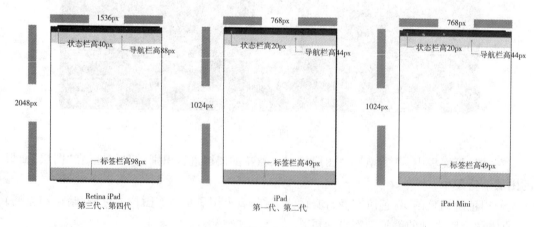

图 3.5.1

(1)iPad 的界面尺寸

设备	尺寸	分辨率
iPad 第三代、第四代	2048 px×1536 px	264PPI
iPad 第一代、第二代	1024 px×768 px	132PPI
iPad Mini	1024 px×768 px	163PPI

(2)设计要求

主要通过图层的应用(剪切图层、图层样式)制作完成界面设计。

(3)案例制作

① 执行"文件→新建"命令,设置宽度为 17.34 厘米,高度为 13 厘米,分辨率为 300dpi,如图 3.5.2 所示。

图 3.5.2

② 打开 01.jpg 文件。拖拽到当前文件中,生成"图层 1",使用快捷键 Ctrl+T 变换图像大小,并将其放置在画面的合适位置,如图 3.5.3 所示。

图 3.5.3

③ 选择"矩形工具",在页面中绘制矩形,设置其尺寸为 2048px×40px,填充颜色为 ♯370110。按 Ctrl 键,选择"矩形 1"图层和"背景"图层,执行"图层→对齐→顶对齐",将矩形置于画面最顶端,如图 3.5.4 和图 3.5.5 所示。

图 3.5.4

图 3.5.5

④ 打开 02.jpg 文件,拖拽到图像中,生成"图层 2"。使用快捷键 Ctrl＋T 变换图像大小,将其放置在画面合适的位置,选择"图像→调整→黑白",如图 3.5.6 所示。

图 3.5.6

⑤ 选择"矩形工具",在画面左侧建立 116px×1538px 的矩形,生成"矩形 2"图层。按 Alt 键在"图层 2"和"矩形 2"之间点击鼠标,创建其图层的剪切蒙版。将"矩形 1"图层拖拽到图层的最顶端,如图 3.5.7 所示。

图 3.5.7

⑥ 选择"图层 2",执行"图像→调整→色阶",将中间滑块调整到 0.38,增加图像暗度。并给"图层 2"添加"渐变叠加"图层样式,如图 3.5.8 所示。

图 3.5.8

⑦ 选择"矩形 2"图层添加"投影"图层样式,如图 3.5.9 所示。

图 3.5.9

⑧ 将 02.jpg 文件再次拖拽到图像中,生成"图层 3"。使用快捷键 Ctrl ＋T 变换图像大小,将其放置在画面右上角合适的位置,如图 3.5.10 所示。

图 3.5.10

⑨ 按住 Ctrl 键点击"图层 3"缩览图,进行选取。新建"图层 4",在选取框内填充颜色 ♯370110。

调整图层属性为"正片叠底",不透明度为 65％,如图 3.5.11 所示。

图 3.5.11

⑩ 选择"图层 3"添加"投影"图层样式，如图 3.5.12 所示。

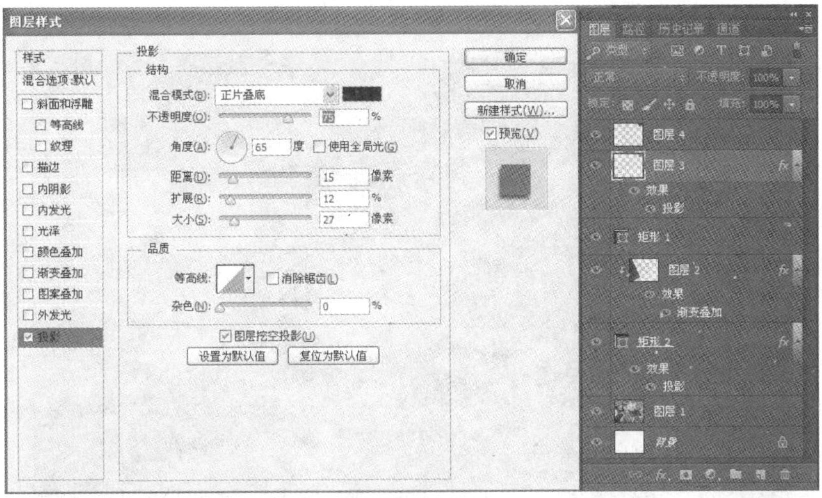

图 3.5.12

⑪ 选择"圆角矩形工具"，填充白色，描边为无，大小为 32px×32px。在"图层"面板上设置其"不透明度"为 40%，如图 3.5.13 和图 3.5.14 所示。

图 3.5.13

图 3.5.14

⑫ 打开 03. psd 文件。拖拽到当前的图像中,生成"user"图层,使用快捷键 Ctrl＋T 调整图像大小,放置在"圆角矩形 1"上方,如图 3.5.15 所示。

图 3.5.15

⑬ 依次把"calendar 图层、wifi 图层、headphones 图层、camera 图层、close 图层"拖入图像中,使用快捷键 Ctrl＋T 调整图像大小。在摆放图标位置时可以打开"视图→显示→智能参考线",方便图标进行对齐,如图 3.5.16 所示。

图 3.5.16

⑭ 选择"圆角矩形工具",填充白色,描边为无,大小为 230px×80px。在"图层"面板上设置其"不透明度"为 80%,并为其添加投影图层样式,如图 3.5.17 所示。

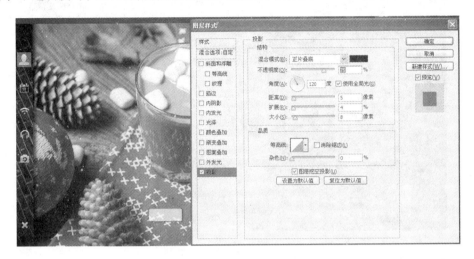

图 3.5.17

⑮ 在图像中输入文字"ENTER"、文字"MENU"。"ENTER"文字填充颜色♯370110,大小为 8 点,设置[VA]字符间距为 50。"MENU"文字填充颜色为白色,不透明度为 45%,大小为 8 点,设置[VA]字符间距为 50,选择合适的字体,如图 3.5.18 所示。

图 3.5.18

⑯ 单击横排文字工具,设置前景色为白色,输入所需文字"80%ipad",调整文字大小为 5 点。再输入文字"15:33 PM",调整文字大小为 5 点。复制"wifi 图层"得到"wifi 副本",使用快捷键 Ctrl+T 调整其大小,将其放置在合适位置,如图 3.5.19 所示。

图 3.5.19

⑰ 选择"椭圆工具",按 Shift 绘制正圆,填充颜色♯370110,大小为 18px×18px。得到"椭圆 1"图层。再将"椭圆 1"图层进行复制两次,得到"椭圆 1 副本"和"椭圆 1 副本 2"。将"椭圆 1 副本"和"椭圆 1 副本 2"图层的不透明度调为 50%,如图 3.5.20 和图 3.5.21 所示。

图 3.5.20

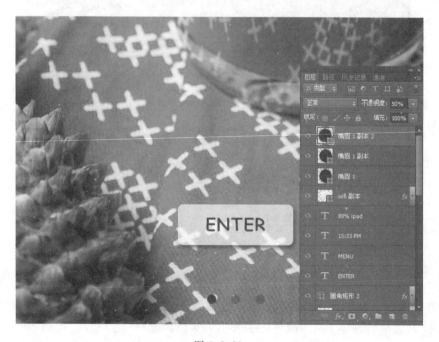

图 3.5.21

⑱ 单击横排文字工具,设置前景色为白色,输入文字"让我们一起静静等待 第一片雪花从天空飘落",生成文字图层,选择合适的字体,大小为 20 点,调整 VA 字符间距为 150。为其添加描边和投影图层样式,如图 3.5.22 和图 3.5.23 所示。

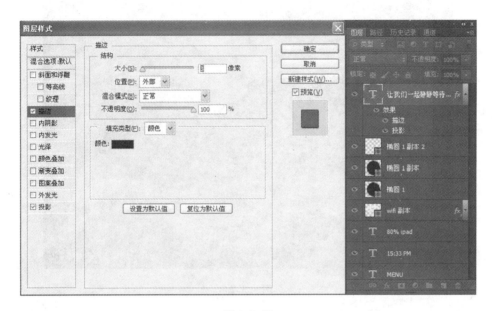

图 3.5.22

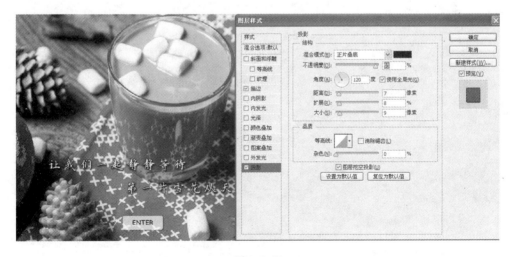

图 3.5.23

⑲ 完成效果，如图 3.5.24 所示。

图 3.5.24

第 4 章 蒙 版

【本章学习重难点】

了解蒙版的概念；

了解并区分图层蒙版、矢量蒙版和快速蒙版；

掌握图层蒙版的创建及编辑方法；

掌握矢量蒙版的创建及编辑方法；

掌握矢量蒙版转换图层蒙版的方法；

掌握快速蒙版的创建及编辑方法。

4.1 蒙版

图层蒙版是一个可编辑的 8 位灰度通道，可以隐藏图层中的全部或部分对象。图层蒙版中的白色区域表示可见对象，黑色区域将隐藏对象，灰色区域将显示半透明对象。选中图层蒙版缩览图，即可编辑或取消蒙版，或者可以移动、复制到其他图层的蒙版中。蒙版的各功能如图 4.1.1 所示。

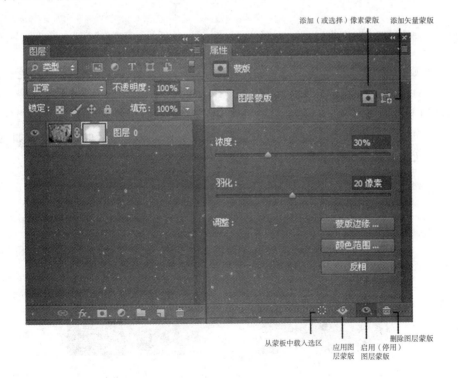

图 4.1.1

4.1.1 创建图层蒙版

选择当前需要创建蒙版的图层，执行"图层"面板下方的"添加矢量蒙版"图标■。若要创建黑色蒙版，让图层中的对象都被隐藏，则按住 Alt 键。双击"图层蒙版缩览图"可打开"属性"面板，如图 4.1.2 所示。

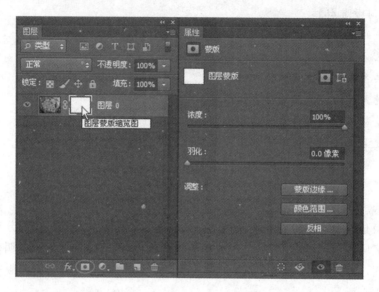

图 4.1.2

4.1.2 编辑图层蒙版

一般情况下，添加的蒙版为白色，使图层对象都可见。若要交换蒙版中黑色和白色区域，可按住 Alt 键，如图 4.1.3 所示。

"浓度"用于高速蒙版的不透明度。"羽化"用于柔化蒙版白色和黑色之间的边缘。此两种设置不会对原来的蒙版造成永久性改变。调整了浓度和羽化值后的图层蒙版如图 4.1.4 和图 4.1.5 所示。

图 4.1.3

图 4.1.4

图 4.1.5

　　"蒙版边缘"按钮可以打开"调整蒙版"对话框,用于修改蒙版边缘,并针对不同的背景查看蒙版,与调整选区边缘基本相同。或者用鼠标右击"图层"面板中蒙版缩图,选择"调整蒙版",如图 4.1.6 所示。

　　视图:切换视图以便清晰地观察图像。

　　半径:设置蒙版边缘柔化值。

　　平滑:取消蒙版边缘锯齿。

　　羽化:增加蒙版图像边缘模糊度,值越大,边缘越模糊。

　　对比度:增加蒙版图像边缘对比度,值越大,边缘越清楚。

　　"颜色范围"按钮可快速访问颜色范围对话框,可以将图像中相近色彩作为白色区域创建蒙版图层,其中,"颜色容差"决定图像中的相近色彩范围,如图 4.1.7 所示。

图 4.1.6

　　在"属性"面板中,选择"反相"命令,可以将蒙版黑白色进行反转交替,如图 4.1.8 所示。

图 4.1.7

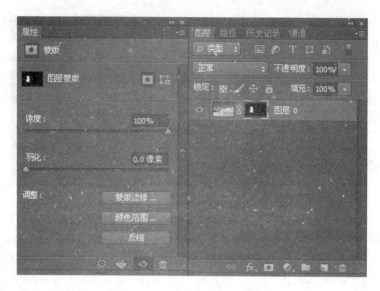

图 4.1.8

单击"从蒙版中载入选区"按钮██，可以载入蒙版中包含的选区，被选中的对象周围出现"蚂蚁线"。或者按住 Ctrl 键同时点击蒙版的缩览图，可将蒙版作选区载入，如图 4.1.9所示。

应用蒙版██：单击该按钮，可以将蒙版应用到图像中，同时删除被蒙版遮盖的图像。或者用鼠标右击"图层"面板中蒙版缩图，选择"应用图层蒙版"，如图 4.1.10 所示。

图 4.1.9

图 4.1.10

停用/启用蒙版██：单击该按钮，可以停用（启用）蒙版，停用蒙版时蒙版缩览图上会出现一个红色"×"。或者用鼠标右击"图层"面板中蒙版缩图，选择"停用图层蒙版"。蒙版各图标功能如图 4.1.11 所示。

点击"删除蒙版"图标██，可以将当前图层的蒙版删除。或者在"图层"面板中，将蒙版直接拖动到删除蒙版图标上即可，如图 4.1.12 所示。

应用图 启用（停用） 删除图
层蒙版 图层蒙版 层蒙版

图 4.1.11

按 Alt 键的同时，单击"图层 0"的图层蒙版缩览图，只查看蒙版样式。这时"图层"面板中的"眼睛"图标颜色变灰，所有图层或图层组都被隐藏，如图 4.1.13 所示。

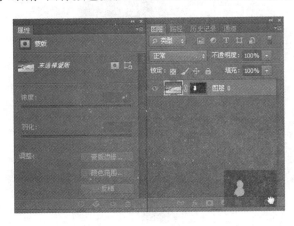

图 4.1.12

图 4.1.13

点击"属性"面板右上角的三角形下拉菜单，选择"添加蒙版到选区""从选区中减去蒙版""蒙版与选区交叉"，如图 4.1.14 所示。

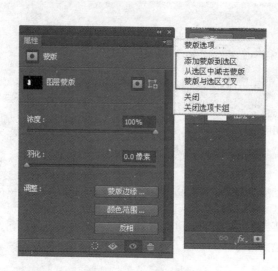

图 4.1.14

    添加蒙版到选区,在已有的选区上再增加新的选区。如图 4.1.15 所示在已选择的小雪人上再添加矩形选区。

    蒙版与选区交叉,蒙版中图像与新选区交叉保留的选区,如图 4.1.16 所示。

图 4.1.15

图 4.1.16

    从选区中减去蒙版,将蒙版中图像从选区中减去。如图 4.1.17 所示已去除小雪人的下部分选区。

图 4.1.17

4.1.3 复制和移动图层蒙版

单击蒙版,将其拖动到其他图层中,源目标蒙版消失,但是不能移动到锁定的"背景图层"上,如图 4.1.18 所示。

在移动蒙版的同时,按下 Alt 键,可将蒙版复制到其他图层中,而源目标图层的蒙版也将保留,如图 4.1.19 所示。

图 4.1.18

图 4.1.19

4.2 矢量蒙版

矢量蒙版又称形状蒙版。矢量蒙版与分辨率无关。"矢量蒙版"可在图层上创建路径形状,因为矢量蒙版是依靠路径图形来定义图层中图像的显示区域。另外,使用矢量蒙版创建图层之后,还可以给该图层应用一个或多个图层样式。

　　创建矢量蒙版的方法与创建图层蒙版的方法基本相同,矢量蒙版是通过路径形状来控制图像区域。矢量蒙版也是使用"钢笔工具"或"形状工具"对其路径进行编辑。

4.2.1　创建矢量蒙版

　　方法一:执行菜单命令"图层"→"图层蒙版"→"显示全部"命令,可以创建显示整个图层图像的矢量蒙版,选中蒙版,使用钢笔工具在蒙版中编辑路径(在编辑时,可在蒙版上点击右键的下拉菜单中选择"停用矢量蒙版",这样方便路径编辑)。矢量蒙版中,被显示的区域呈白色,被隐藏的部分呈灰色,如图 4.2.1 和图 4.2.2 所示。

图 4.2.1

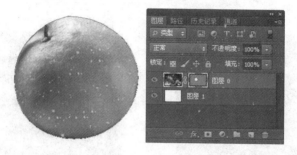

图 4.2.2

　　方法二:选择已有的路径,执行菜单命令"图层"→"图层蒙版"→"当前路径"命令,可以创建矢量蒙版,如图 4.2.3 所示。

图 4.2.3

方法三：按下 Ctrl 键并点击"图层"面板的"添加图层蒙版"图标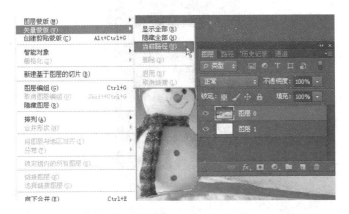，可以创建矢量蒙版，如图 4.2.4 所示。

图 4.2.4

4.2.2　矢量蒙版转换图层蒙版

矢量蒙版与图层蒙版可以同时建立在一个图层中。

矢量蒙版可以转换成图层蒙版，执行菜单命令"图层"→"栅格化"→"矢量蒙版"，或者鼠标右击图层中矢量蒙版缩览图，在下拉菜单中选择"栅格化矢量蒙版"命令。但是图层蒙版不能转换成矢量蒙版。

4.3　剪切蒙版及其应用

剪切蒙版可以以下方图层的图像外形覆盖上方图层内容。剪切蒙版将作用于基底图层，底部图层中非透明的区域将在剪切蒙版作用下显示出它上方图层的内容。从效果上来说，就是将图像裁剪为蒙版的样式。"flower"图层遮盖"photoshop"文字层如图 4.3.1 所示。

图 4.3.1

按住快捷键 Alt 键（Alt 是复选键），将鼠标放在"flower"图层和"photoshop"文字图之间,光标出现向下弯转的箭头,点击即可创建剪切蒙版,如图 4.3.2 所示。

图 4.3.2

此时文字显示出来了,剪切图层("flower"图层)的内容仅在下一图层("photoshop"文字图层)中可见,如图 4.3.3 所示。

图 4.3.3·

提示:创建剪切蒙版后,蒙版的两个图层中的图像均可以随意移动和变形。

4.4　快捷蒙版

使用快速蒙版模式可以将选区转换为临时蒙版以便编辑。图标在工具箱的底部,如图 4.4.1 所示。快速蒙版将作为带有可调整的不透明的颜色叠加出现。可以使用任何绘画工具编辑快速蒙版或者使用滤镜修改它。退出快捷蒙版后,蒙版将转换为图像上的一个选区。

单击工具箱底部的"以快速蒙版模式编辑"按钮,在"通道"面板中出现"快速蒙版",选择"画笔工具",选择黑色在选中的区域外部单击并涂抹。点击"将通道作为选区载入"图标可以将蒙版区域选中,如图 4.4.2 和图 4.4.3 所示。

图 4.4.1

图 4.4.2

图 4.4.3

如果再次点击"以标准模式编辑"按钮 ▣，或按 Q 键，蒙版区域转换成选区。而"通道"面板的"快速蒙版"消失，如图 4.4.4 所示。

图 4.4.4

双击"以快速蒙版模式编辑"图标 ▣，弹出对话框。其中色彩指示的两个选项及颜色选择，可以控制蒙版是否覆盖图像中目标区域或目标外区域，同时可改变覆盖区域的颜色及不透明度，如图 4.4.5 所示。

图 4.4.5

4.5 应用实例——沙漠变雪地

（1）设计要求

通过蒙版、图层的应用完成沙漠变雪地的制作。

（2）制作过程

① 打开"沙漠.jpg"素材，选择"通道"面板，选择"红通道"，按住 Ctrl 键，在通道缩览图上点击鼠标，选择"红通道"中亮色部分，执行"Shift＋Ctrl＋I"反向选择，选择图像中暗色部分，如图 4.5.1 所示。

图 4.5.1

② 选择"RGB 通道"，执行 Ctrl＋C，选择"图层"面板，执行 Ctrl＋V，形成"图层 1"。将新层模式调为叠加，如图 4.5.2 所示。

图 4.5.2

③ 将"图层 1"复制为"图层 1 副本",调整图层模式为亮光,调整透明度为 65%。

图 4.5.3

④ 新建"图层 2",填充颜色♯00a8ff,调整图层模式为色相,如图 4.5.4 所示。

图 4.5.4

⑤ 新建色相/饱和度调整层,降低饱和度,如图 4.5.5 所示。

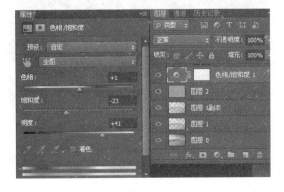

图 4.5.5

⑥ 新建曲线调整层,调整亮度,如图 4.5.6 所示。

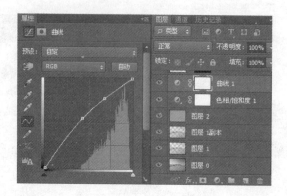

图 4.5.6

⑦ 打开"天空.jpg"素材,放置于图像上部,并创建"图层蒙版",选择工具箱中的"渐变工具",在"图层蒙版"缩览图中进行拖动,创建遮罩效果,如图 4.5.7 所示。

图 4.5.7

⑧ 新建色相/饱和度调整层,调整其参数值。按住 Alt 键,在"图层 3"和"色相/饱和度调整图"之间点击鼠标左键,为天空图层创建剪贴图层,如图 4.5.8 所示。

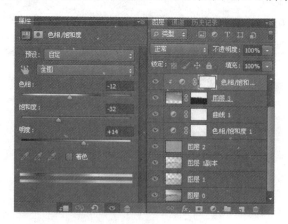

图 4.5.8

⑨ 新建曲线调整层,调整参数。按住 Alt 键,在"色相/饱和度调整图"和"曲线调整层"之间点击鼠标左键,为天空图层再创建剪贴图层,如图 4.5.9 所示。

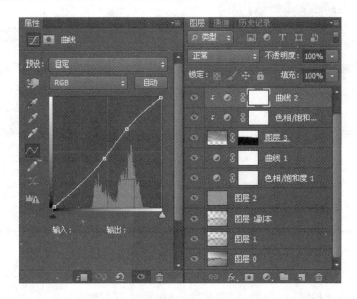

图 4.5.9

⑩ 双击"背景图层"将其解锁,复制得到"图层 0 副本",放置于所有图层最上面,模式为颜色加深,透明度 65%,如图 4.5.10 所示。

图 4.5.10

⑪ 新建"图层 4",填充黑色,选择菜单"滤镜→杂色→添加杂色",如图 4.5.11 所示。

⑫ 选择菜单"滤镜→模糊→高斯模糊",半径为 2 像素。

⑬ 执行 Ctlr+L,调整色阶参数,调整图层模式为滤色,如图 4.5.12 所示。

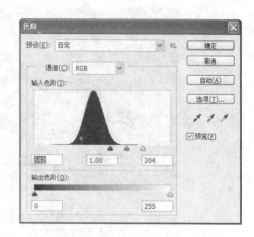

图 4.5.11   图 4.5.12

⑭ 选择"滤镜→模糊→动感模糊",角度－65,距离 9。

⑮ 复制"图层 4"为"图层 4 副本",选择"编辑→变换→旋转 180 度",执行"滤镜→像素化→晶格化",单元格大小 17。选择菜单"滤镜→模糊→ 动感模糊",角度－65,距离 9,如图 4.5.13 所示。

图 4.5.13

⑯ 将"图层 4"和"图层 4 副本"进行合并,将合并的图层再复制一层,将其不透明度设为 60%,完成,如图 4.5.14 所示。

图 4.5.14

第 5 章 通 道

【本章学习重难点】

了解通道的概念和类型；

认识通道面板；

掌握通道面板的基本操作，即新建、复制和删除；

掌握创建专色通道。

5.1 通道概念

通道是计算机图形学中的术语，是"非彩色"的通道。它主要是指图像各种颜色信息存储形式，是通过灰度概念来编辑和管理图像色彩的。例如，一个 RGB 文件包含了一个红色层、一个绿色层、一个蓝色层，其中每一层都作为一个独立的灰度图像。这些层就称为通道。

在印刷图像时，一般采用 CMYK 颜色模式，通过调整每个通道颜色的输出量，可以控制每一种墨水的流量，从而达到控制印刷品颜色质量的目的。

通道分为颜色通道、Alpha 通道和专色通道三种类型。

(1)颜色通道

颜色通道是在打开新图像或创建新图像时自动创建的。图像所具有的颜色通道数取决于图像的颜色模式。RGB 的颜色通道为红色、绿色和蓝色，并且还有一个复合通道。CMYK 颜色通道为青色、洋红、黄色和黑色，以及一个用于编辑图像的复合通道。

(2)Alpha 通道

Alpha 通道将选区存储为灰度图像。可以添加 Alpha 通道来创建和存储蒙版，这些蒙版用于处理或保护图像的某些部分。

Alpha 通道通常与蒙版结合使用，用于辅助制作图像的特殊效果。

(3)专色通道

专色是指预混油墨用于特殊印刷，用于替代或补充印刷色(CMYK)油墨。例如，CMYK墨水无法呈现的金色、银色或银光色等。

印刷时，每种颜色都要求专用的印版，如果要印刷带有专色的图像，则需要创建存储这些颜色的专色通道。

5.2 通道面板

"通道"面板列出图像的所有通道，可用于创建和管理通道。其包括颜色通道、Alpha 通道和专色通道。

"通道"可以通过颜色通道观察画面中各种颜色所占的分量,然后有目的地调整某种颜色的输出量,从而达到调整图像的目的。

此外还可以通过通道对颜色复杂的物体创建选区。通道面板各功能如图 5.2.1 所示。

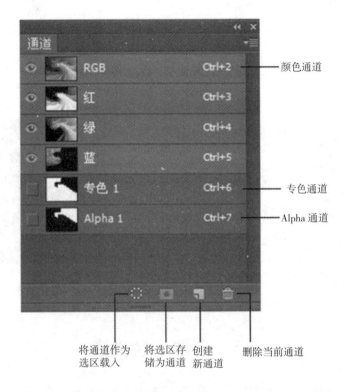

图 5.2.1

"将通道作为选区载入"按钮:单击此按钮,通过通道选取你需要的颜色的像素,将高亮部分作为选区载入;也可以按下 Ctrl 键的同时单击此通道,将其载入选区。

"将选区存储为通道"按钮:在图像上有选区的情况下,单击此按钮,便可以将选区作为通道储存起来,选区内呈白色区域。按下 Alt 键的同时单击此按钮,会出现"新建通道"对话框。

5.2.1 创建新通道

单击"通道"面板下方"创建新通道" 按钮 ,或者按 Alt 键同时点击"创建新通道"按钮,弹出"新建通道"对话框进行相应设置,如图 5.2.2 所示。

"被蒙版区域"指非选区,通常用黑色来表示。"所选区域"指选区,通常用白色来表示。

"颜色"可以来自定义蒙版的颜色和不透明度。

5.2.2 　复制通道

选择需要复制的通道,拖拽到"创建新通道" 按钮 上,可复制通道。

选择需要复制的通道,点击"通道"面板右上角三角形按钮,在快捷菜单中选择"复制通道",弹出对话框,点击"确定"。

5.2.3 删除通道

在"通道"面板中选择要删除的通道。从"通道"面板下方点击"删除当前通道",在弹出的对话框中选择"是"。

或者将要删除的通道点住鼠标左键拖拽到"删除当前通道"按钮上,即可,如图5.2.3所示。

图 5.2.2 　　　　　　　　　　　　　　　图 5.2.3

5.3 创建专色通道

点击"通道"面板右上角三角形按钮,在快捷菜单中选择"新建专色通道",弹出对话框,点击"确定"。

按下 Ctrl 键,同时单击"通道"面板下方的"创建新通道"按钮,也可以创建专色通道。

专色主要是针对特殊的预混油墨印刷时创建的通道。用于替代或补充印刷色(CMYK)油墨。通过专色通道可以在印刷物中标明进行特殊印刷的区域。

专色通道还可以通过 Alpha 通道创建,在通道面板中选中 Alpha 通道双击,弹出通道选项对话框,启用"专色"选项,如图5.3.1所示。但专色通道不能转换为 Alpha 通道。

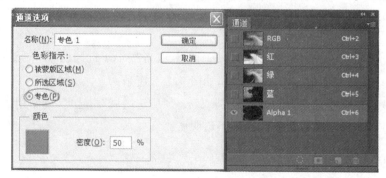

图 5.3.1

5.4　应用实例——霓虹字制作

（1）设计要求

通过对通道、图层、文字工具的运用进行霓虹字的制作。

（2）制作过程

① 新建一个 RGB 模式的新文件。

② 创建 Alpha 1 通道，选择"文字工具"输入"photoshop"粗体白色字样，取消选定，并将 Alpha 1 复制一个 Alpha 2 通道，如图 5.4.1 和图 5.4.2 所示。

图 5.4.1

图 5.4.2

③ 对 Alpha 2 通道进行高斯模糊处理（半径为 3）。

④ 执行"图像→计算"命令，设置"源 1"和"源 2"为"通道 Alpha 1"和"通道 Alpha 2"，"混合"选项为"差值"，"源 1"选择"反相"，如图 5.4.3 所示。

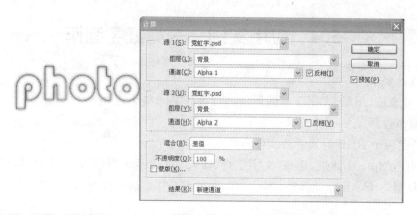

图 5.4.3

⑤ Alpha 1 通道和 Alpha 2 通道混合后的结果在 Alpha 3 通道,"选择→全选"后进行复制。

⑥ 回到 RGB 通道,将 Alpha 3 的内容粘贴到 RGB 通道,然后执行"图像→调整→反相"命令,如图 5.4.4 所示。

图 5.4.4

⑦ 回到图层,选定图层 1,选择色谱渐变色,在渐变工具的属性栏中设置模式为"叠加",在"photoshop"字样上拖动作线性渐变,如图 5.4.5 所示。

图 5.4.5

⑧ 完成效果如图 5.4.6 所示。

图 5.4.6

第 6 章 滤 镜

【本章学习重难点】

了解滤镜的概念和分类；

掌握滤镜使用的技巧；

熟悉滤镜库中的滤镜使用方法；

熟悉液化滤镜的使用方法；

熟悉内置滤镜的滤镜使用方法。

滤镜主要用来添加图像的各种特殊效果。滤镜可以作用于整个图层或图层中的选区。如果滤镜不可用，可能是与当前文件的颜色模式不匹配。没有进行栅格化的文字图层不能添加滤镜效果。

所有的滤镜适用于 RGB 和"灰度"色彩模式。大部分的滤镜可用于 Lab 色彩模式；少数滤镜适用于 CMYK 色彩模式和 16 位通道的文件。所有的滤镜不可用于位图色彩模式和索引色彩模式。

滤镜可以处理 Alpha 通道。有些滤镜一次可以处理一个单通道，如 RGB 通道中的某一个通道。

6.1　滤镜的分类

滤镜基本可以分为三类：内阙滤镜、内置滤镜（Photoshop 自带的滤镜）、外挂滤镜（可从网上下载，如眼睛糖果、KPT）。外挂滤镜开启画面如图 6.1.1 所示。

图 6.1.1

内阙滤镜指内阙于 Photoshop 程序内部的滤镜，共有 6 组 24 个滤镜。内置滤镜指 Photoshop 安装程序自动安装的滤镜，共 12 组 72 个滤镜。外挂滤镜指由第三方厂商生产的滤镜，它们不仅种类齐全，品种繁多，而且功能强大。

6.2 滤镜库

执行"滤镜"→"滤镜库"命令,可打开大部分的滤镜,其他的滤镜在滤镜下拉菜单的滤镜组中。滤镜库存界面及功能如图6.2.1所示。

图 6.2.1

若需要重新建立另一个效果图层,单击"新建效果图层"按钮,再单击某一滤镜缩览图,即可创建新的"效果图层"。单击"新建效果图层"按钮,出现两个相同的图层,如图6.2.2所示。

选中位于上层的"效果图层",再选中"染色玻璃"命令(被选中的效果图层呈灰色),可将两个滤镜效果应用于一个图像中,如图6.2.3所示。

从列表中将某一效果图层选中后(选中后的效果图层呈灰色),单击"删除效果图层"图标可将效果图层删除,如图6.2.4所示。

若要隐藏滤镜的效果,单击滤镜名称旁边的可见性图标👁,再次单击可重新显示滤镜效果。

按住 Alt 键的同时单击滤镜效果的可见性图标👁,可隐藏其他效果图层,再次单击,可将隐藏的"效果图层"全部显示。

若要改变效果图层的排列顺序,可用鼠标左键拖动某一效果图层进行向上或向下重新排放次序,如图6.2.5所示。

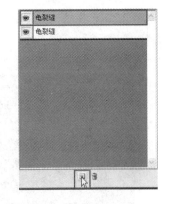

图 6.2.2

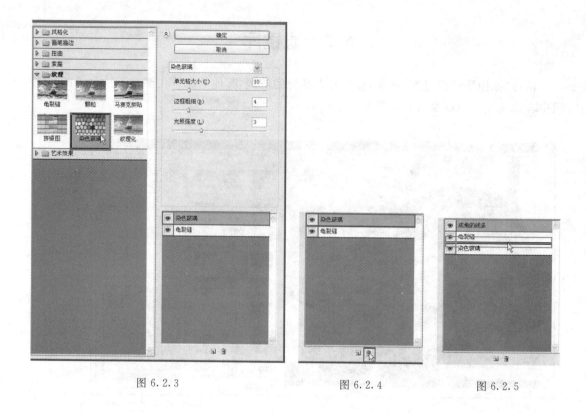

图 6.2.3　　　　　　　　　　　图 6.2.4　　　　　　　图 6.2.5

6.2.1　风格化滤镜组

　　风格化滤镜组有一个滤镜在滤镜库中,其他的滤镜在滤镜组中。该滤镜效果如图 6.2.6 所示。

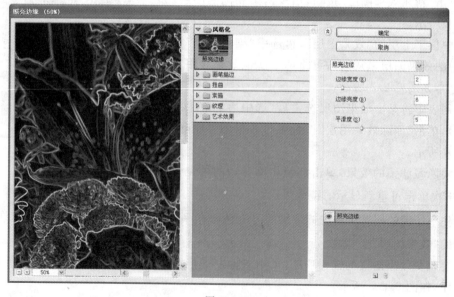

图 6.2.6

"照亮边缘"滤镜:该滤镜强化图像颜色的边缘,在图像边缘添加霓虹灯效果。

边缘宽度:设置图像亮光边缘线的宽度。

边缘亮度:设置图像亮光边缘线的发光强度。

平滑度:设置发光边缘线的柔和程度。

6.2.2　画笔描边滤镜组

画笔描边滤镜组中的各种滤镜使用不同的画笔和样式描边,模拟出绘画的效果。此滤镜组可以添加颗粒、绘画、杂色、边缘细节或纹理。该滤镜组如图 6.2.7 所示。

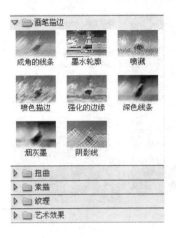

图 6.2.7

"成角的线条"滤镜:使用对角线绘制图像,用相反方向的线条来绘制图像明暗度,如图 6.2.8 所示。

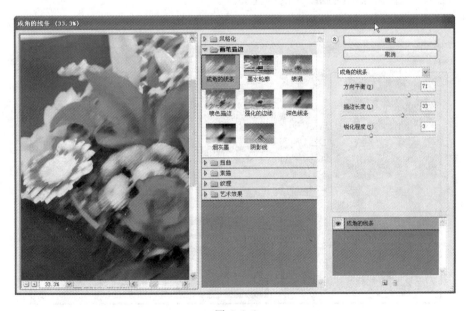

图 6.2.8

方向平衡:设置绘制线条的方向。

线条长度:设置绘制线条的长短。

锐化程度:表现绘制线条的清晰度。

"墨水轮廓"滤镜:该滤镜用纤细的线条在图像上描绘图像的明暗,模拟钢笔画风格,如图 6.2.9 所示。

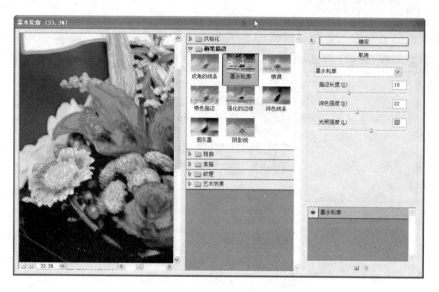

图 6.2.9

描边长度:设置图像中绘制线条的长度。

深色强度:设置线条阴影的强度。

光照强度:设置图像中绘制线条的高光亮度。

"喷溅"滤镜:可以模拟喷枪绘画的效果,如图 6.2.10 所示。

图 6.2.10

喷色半径：设置绘图喷枪喷笔的尺寸。

平滑度：设置喷绘效果的平滑程度。参数值小，生成较小喷点的效果；参数值较大，适合制作水中倒影效果。

"喷色描边"滤镜：该滤镜用成角的、喷溅的颜色线条重新绘画图像，如图 6.2.11 所示。

图 6.2.11

描边长度：设置图像中笔画的长度。

喷色半径：设置颜色喷洒的范围。

描边方向：设置喷绘笔画的方向。它包括右对角线、水平、左对角线和垂直 4 个选项。

"强化的边缘"滤镜：该滤镜用于强化图像边缘。如图 6.2.12 所示边缘亮度值为 50，如图 6.2.13 所示边缘亮度值为 0。该滤镜参数面板如图 6.2.14 所示。

图 6.2.12

图 6.2.13

图 6.2.14

边缘宽度：设置强化的边缘的宽度。

边缘亮度：设置强化的边缘的亮度。边缘亮度参数值越高，强化图像边缘亮度；边缘亮度参数值越低，图像中像素的边缘有黑色油墨效果。

平滑度：设置边缘的平滑度。

"深色线条"滤镜：该滤镜用简洁的深色线条绘制暗区；用长的白色线条绘制亮区。该滤镜参数面板如图 6.2.15 所示。

图 6.2.15

平衡：设置绘制线条的方向。当值为 0 时，线条从左上方向右下方绘制；当值为 10 时，线条从右上方向左下方绘制；当值为 5 时，两个方向的线条数量相等。

黑色强度：设置图像中线条的颜色深浅度。

白色强度：设置图像中白色线条的颜色显示强度。

"烟灰墨"滤镜：该滤镜模仿油墨绘制柔和模糊图像边缘的效果，如图 6.2.16 所示。

图 6.2.16

描边宽度：设置画笔表现图像边缘的宽度。

描边压力：设置画笔在绘图时的压力值。

对比度：设置图像中明暗之间的对比度。

"阴影线"滤镜：可以使图像产生用交叉网格线绘制的效果，如图 6.2.17 所示。

图 6.2.17

描边长度:设置图像中描边线条的长度。

锐化程度:设置线条的清晰程度。

强度:设置生成交叉网格线的数量。

6.2.3 扭曲滤镜组

扭曲滤镜有一部分在滤镜库中,另一部分在内置滤镜组中。该滤镜组面板如图 6.2.18
所示。

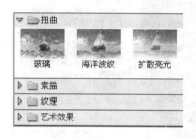

图 6.2.18

"玻璃"滤镜:使图像看起来像是通过半透明的玻璃来观看的,如图 6.2.19 所示。

图 6.2.19

扭曲度:设置透明度、扭曲度越大,画面扭曲效果越明显。

平滑度:平滑度越大,画面越平滑,扭曲不明显。

缩放:用于增强或减弱图像表面上的效果。

纹理:可在其下拉菜单中选择各种变形效果。

"海洋波纹"滤镜:模拟海洋波纹效果添加到图像表面,使图像看上去像是在水中,如图

6.2.20 所示。

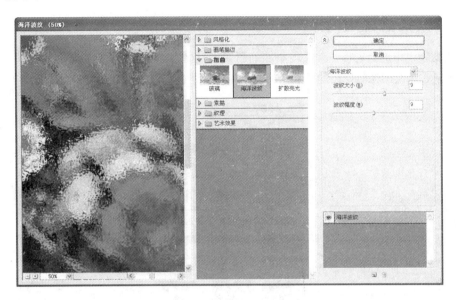

图 6.2.20

波纹大小：设置生成波纹的大小。

波纹幅度：设置生成波纹的幅度大小。

"扩散亮光"滤镜：通过给图像的高光部分添加透明的白色，并从对象中心向外扩散白色亮光，如图 6.2.21 所示。

图 6.2.21

粒度：设置光亮中的颗粒密度。

发光量：设置发光的强度。

清除数量:设置图像中受亮光影响的范围。

6.2.4　素描滤镜组

素描滤镜组中的滤镜将各种纹理添加到图像上,这些滤镜还适用于表现绘画效果。许多黑白色的滤镜在重绘图像时使用的是默认的前景色和背景色。该滤镜组面板如图6.2.22所示。

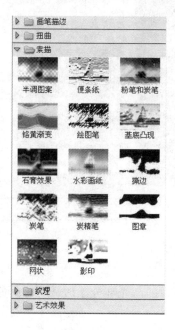

图 6.2.22

"半调图案"滤镜:该滤镜可以在保持连续色调范围的同时,模拟半调网屏的效果,如图6.2.23所示。

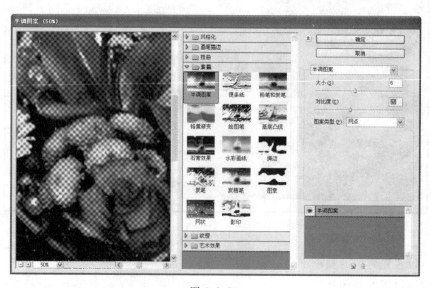

图 6.2.23

大小:设置半调图案网纹的密度。

对比度:设置图像中的网纹黑白色的对比度。

图案类型:设置生成半调图案的样式。

"便条纸"滤镜:该滤镜可以在灰色背景上根据图像的明暗度表现浮雕效果,如图6.2.24所示。

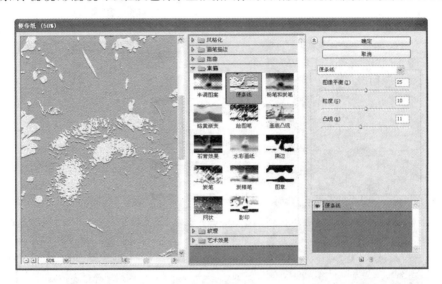

图 6.2.24

图像平衡:设置图像中前景色和背景色的比例。

粒度:设置图像中颗粒的凸显程度。

凸现:设置图像的凹凸程度。

"粉笔和炭笔"滤镜:该滤镜用于绘制高光和中间调。粉笔用背景色绘制,使用粉笔绘制纯中间调的灰色背景。用黑色炭笔在对角线绘制阴影区域。炭笔用前景色绘制,如图6.2.25所示。

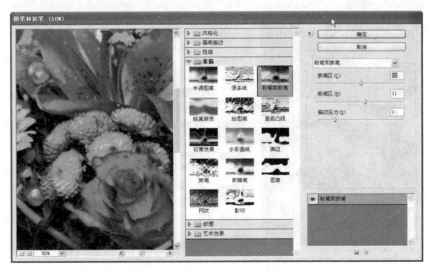

图 6.2.25

炭笔区:设置炭笔绘制的区域范围。

粉笔区:设置粉笔绘制的区域范围。

描边压力:设置粉笔和炭笔边界的显现程度。

"铬黄渐变"滤镜:该滤镜模拟发光的液体金属。高光在反射表面上是最高点,阴影是低点,如图 6.2.26 所示。

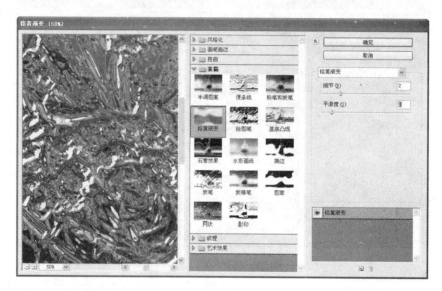

图 6.2.26

细节:设置保留图像细节的程度。

平滑度:设置图像的光滑程度。

"绘图笔"滤镜:该滤镜使用细线状的油墨描边表现图像中的细节。此滤镜使用前景色作为油墨,并使用背景色作为底色,如图 6.2.27 所示。

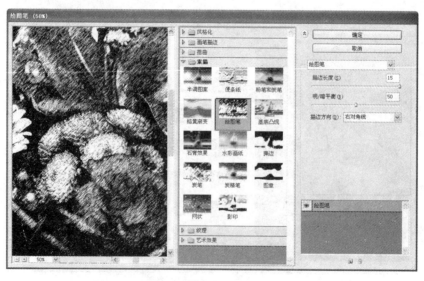

图 6.2.27

描边长度:设置图像中生成的线条的长度。当取值为1时,线条由线变为点。

明/暗平衡:设置前景色和背景色在图像上所占区域的比例大小。参数值越大,图像中的前景色区域就越大。

描边方向:设置图像中生成的线条方向。

"基底凸现"滤镜:该滤镜模拟图像的浮雕状和光照下图像表面的变化。图像的暗区呈现前景色,而浅色凸起,如图6.2.28所示。

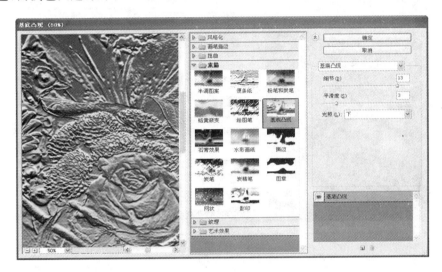

图 6.2.28

细节:设置表现图像细节的参数。

平滑度:设置浮雕效果的光滑程度。

光照:设置光源的照射方向。

"石膏效果"滤镜:该滤镜可以塑造图像的立体塑料效果,使用前景色和背景色为图像着色。暗部凸起,亮部凹陷,如图6.2.29所示。

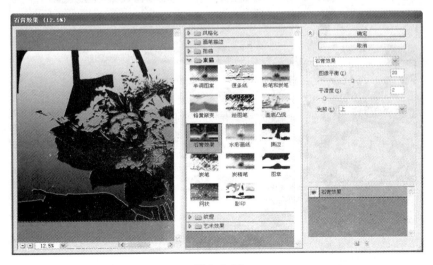

图 6.2.29

图像平衡:设置明暗区域的相对面积的大小。

平滑度:设置图像效果的平滑程度。

光照:设置光照的方向。

"水彩画纸"滤镜:该滤镜表现在潮湿的纤维纸上的绘画效果,如图 6.2.30 所示。

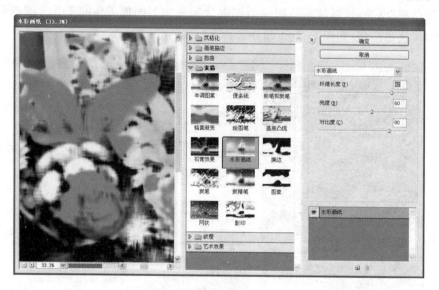

图 6.2.30

纤维长度:模拟绘图时的颜色在纸张上的扩散度。

亮度:设置图像的亮度。

对比度:设置图像明暗对比程度。参数值越大,图像的对比度就越大,图像就越清晰。

"撕边"滤镜:该滤镜可以创建粗糙、撕破的纸片状效果,使用前景色与背景色为图像着色,如图 6.2.31 所示。

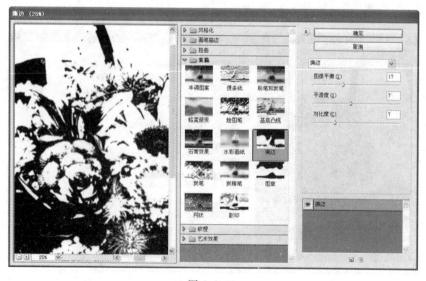

图 6.2.31

图像平衡:设置前景色和背景色之间所占比例的平衡。

平滑度:设置前景色和背景色之间的平滑程度。

对比度:设置前景色和背景色之间的对比程度。

"炭笔"滤镜:该滤镜将前景色作为炭笔,背景色作为图像背景,将图像重新绘制出来。边缘用粗线绘制,中间调用对角线条绘制,如图 6.2.32 所示。

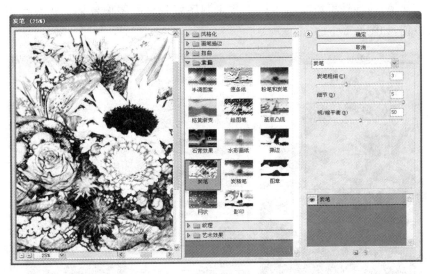

图 6.2.32

炭笔粗细:设置炭笔笔触的粗细。

细节:设置图像细节清晰程度。

明/暗平衡:设置前后背景色的明暗对比度。

"炭精笔"滤镜:该滤镜模拟黑色炭精笔绘画。在暗区使用前景色,在亮区使用背景色,如图 6.2.33 所示。

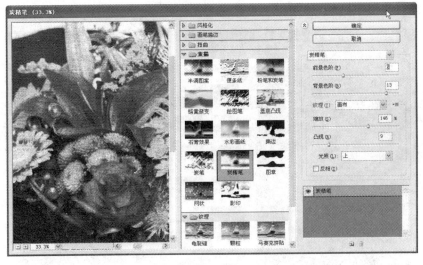

图 6.2.33

纹理:设置图像的纹理的深浅度。

缩放:设置纹理的大小。

凸现:设置纹理的凹凸程度。

光照:设置光线照射的方向。

反相:可以反转图像的凹凸区域。

"图章"滤镜:该滤镜可以塑造用橡皮或木制图章创建的图像效果。此滤镜用于黑白图像时效果最佳,如图 6.2.34 所示。

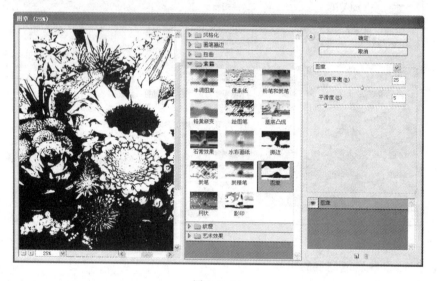

图 6.2.34

明/暗平衡:设置前景色和背景色的用色比例。

平滑度:设置前景色和背景色之间的边界平滑程度。

"网状"滤镜:该滤镜在单纯的图像中添加若干圆点的效果。在暗区以前景色填充,高光处以背景色填充,如图 6.2.35 所示。

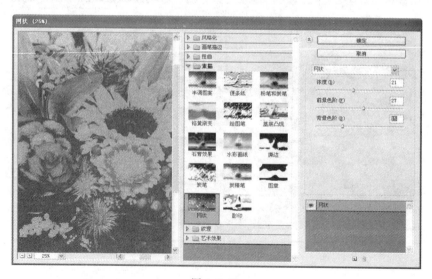

图 6.2.35

浓度:设置网格中网眼的密度。

前景色阶:设置前景色所占的比重。

背景色阶:设置背景色所占的比重。

"影印"滤镜:该滤镜可以模拟影印图像的效果。使用前景色表现图像边缘轮廓,其他区域使用背景色,如图 6.2.36 所示。

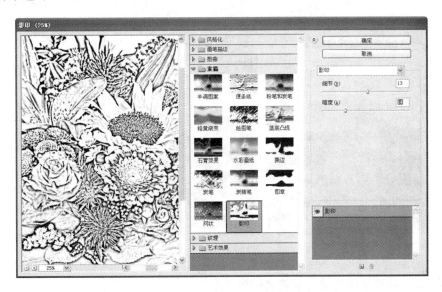

图 6.2.36

细节:加强表现图像中细节部分。

暗度:设置图像的暗部颜色深度。

6.2.5　纹理滤镜组

纹理滤镜组可以模拟具有纵深感的外观,或者添加一种器质外观,如图 6.2.37 所示。

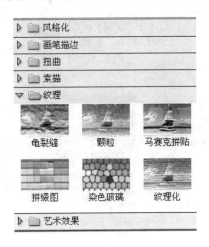

图 6.2.37

"龟裂缝"滤镜：该滤镜模拟将图像绘制在一个高凸现的石膏表面上，以循着图像等高线生成精细的网状裂缝效果，可以对包含多种颜色值或灰度值的图像创建裂缝效果，如图6.2.38所示。

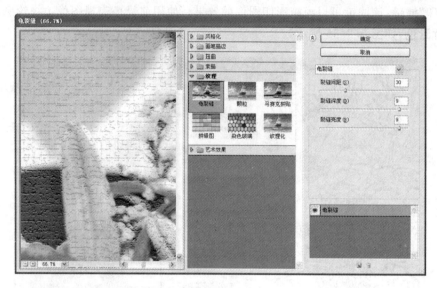

图 6.2.38

裂缝间距：设置生成裂缝与裂缝之间的间距。

裂缝深度：设置生成裂缝的深度。

裂缝亮度：设置裂缝之间的亮度。

"颗粒"滤镜：该滤镜通过模拟不同种类的颗粒在图像中添加纹理，如图6.2.39所示。

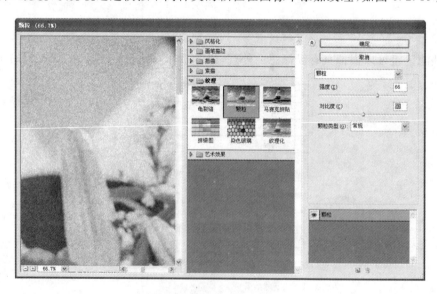

图 6.2.39

强度：设置图像中产生颗粒的数量。

对比度:设置图像中生成颗粒的明暗对比度。

颗粒类型:设置生成颗粒的类型。

"马赛克拼贴"滤镜:该滤镜将图像渲染成小块,由较规律的碎片拼贴组成,如图 6.2.40
所示。

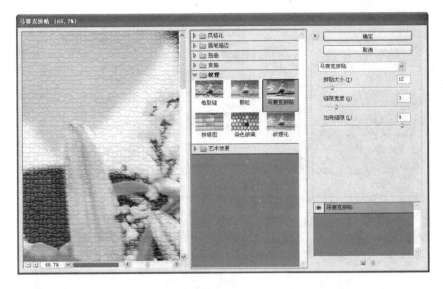

图 6.2.40

拼贴大小:设置图像中生成马赛克块状的大小。

缝隙宽度:设置图像中马赛克之间裂缝的宽度。

加亮缝隙:设置马赛克之间裂缝的亮度。

"拼缀网"滤镜:该滤镜将图像用规则方块分割,并拼贴凸现的效果,可以随机减小或增
加拼贴的深度,模拟高光和阴影效果,如图 6.2.41 所示。

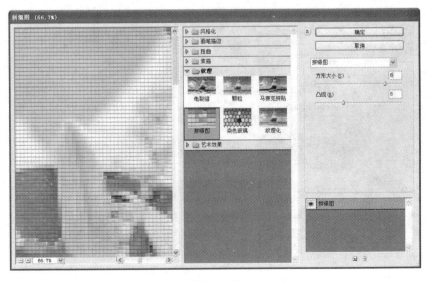

图 6.2.41

方形大小：设置图像中生成拼贴方块的大小。

凸现：设置拼缀图块的凸显程度。

"染色玻璃"滤镜：该滤镜可以将图像分成不规则的彩色玻璃格子，类似于中世纪哥特式教堂上的染色玻璃，玻璃块之间的缝隙用前景色填充，以产生彩色玻璃效果，如图 6.2.42 所示。

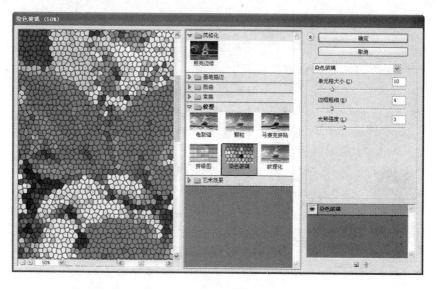

图 6.2.42

单元格大小：设置生成彩色玻璃格子的大小。

边框粗细：设置玻璃格子之间的边框宽度。

光照强度：设置生成彩色玻璃的亮度。

"纹理化"滤镜：可以使用预设的纹理或自定义载入的纹理样式，从而在图像中生成指定的纹理效果，如图 6.2.43 所示。

图 6.2.43

纹理:指定图像生成的纹理。它包括砖形、粗麻布、画布和砂岩等。

缩放:设置生成纹理的大小。

凸现:设置生成纹理的凹凸程度。

光照:设置光源的位置。

反相:可以反转纹理的凹凸部分。

6.2.6　艺术效果滤镜组

艺术效果滤镜组中的滤镜可以形成绘画艺术效果。该滤镜组的命令面板如图6.2.44所示。

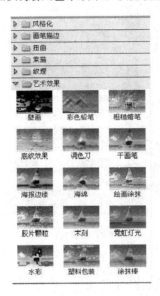

图 6.2.44

"壁画"滤镜:该滤镜使用小色块颜料粗略重新涂抹图像暗部,以一种粗糙的风格绘制图像,如图6.2.45所示。

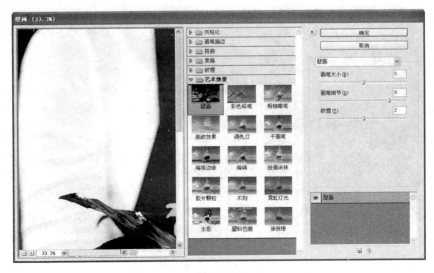

图 6.2.45

画笔大小:设置画笔的大小。

画笔细节:设置图像的细节的表现。

纹理:设置图像中暗部区域所产生的纹理效果。

"彩色铅笔"滤镜:该滤镜使用彩色铅笔在纯色背景上绘制图像。画面保留重要边缘,外观呈粗糙阴影线;纯色背景色透过比较平滑的区域显示出来,如图 6.2.46 所示。

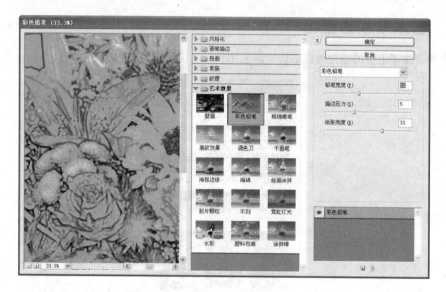

图 6.2.46

铅笔宽度:设置彩色铅笔线条的宽度。

描边压力:设置彩色铅笔绘图时的压力大小。

纸张亮度:设置背景色的亮度值。

"粗糙蜡笔"滤镜:该滤镜模拟彩色蜡笔在带纹理的背景上重新绘制图像的效果,使图像表面产生一种不平整的浮雕纹理,如图 6.2.47 所示。

图 6.2.47

描边长度：设置画笔描绘线条的长度。

描边细节：设置蜡笔绘画的细腻度。

纹理：设置生成纹理的类型。

缩放：设置纹理的缩放大小。

凸现：设置纹理的凹凸程度。

光照：设置光源的照射方向。

反相：可以反转纹理的凹凸区域。

"底纹效果"滤镜：该滤镜模拟纹理的类型和效果，在图像上重新绘制效果，如图 6.2.48 所示。

图 6.2.48

画笔大小：设置画笔的大小。

纹理覆盖：设置使用纹理的图像范围。

"调色刀"滤镜：该滤镜可以通过减少图像上的细节绘制以生成大色块的简单画面效果，类似油画刮刀的绘画效果，如图 6.2.49 所示。

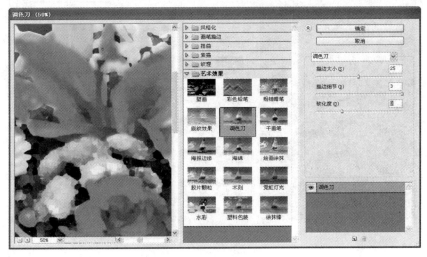

图 6.2.49

描边大小：设置重新绘制图像色彩的混合效果。

描边细节：设置图像的边缘清晰度。

软化度：设置图像边界的柔和程度。

"干画笔"滤镜：该滤镜通过减少图像中颜色简化画面细节，模拟干画笔效果绘制图像，如图 6.2.50 所示。

图 6.2.50

画笔大小：设置重新绘制图像的描摹画笔直径大小。

画笔细节：设置画笔的细腻程度。

纹理：设置画笔纹理的清晰程度。

"海报边缘"滤镜：该滤镜使用深色描绘图像边缘，产生对比强烈、纹理较重的效果来创建图像，以模拟海报的效果，如图 6.2.51 所示。

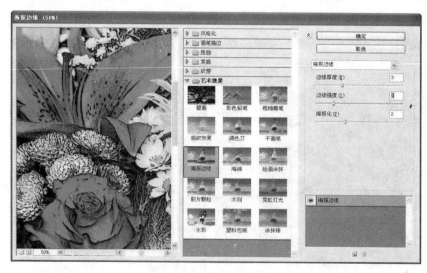

图 6.2.51

边缘厚度:设置图像深色边缘的宽度。

边缘强度:设置图像边缘的深色区域的清晰度。

海报化:设置图像模拟海报化程度。

"海绵"滤镜:该滤镜使图像的颜色对比强烈,以模拟海绵绘制的效果,在图像中生成半透明深色纹理效果,如图 6.2.52 所示。

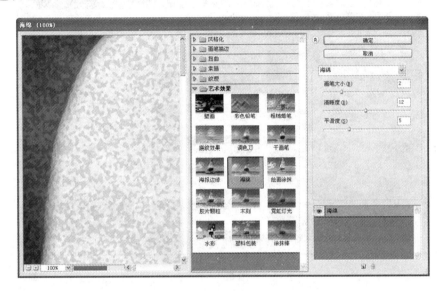

图 6.2.52

画笔大小:设置模拟海绵绘画的画笔直径大小。

清晰度:设置海绵绘制图像颜色的清晰度。

平滑度:设置绘制图像颜色间的光滑程度。

"绘画涂抹"滤镜:该滤镜通过模拟各种大小和类型的画笔表现绘画效果,如图 6.2.53 所示。

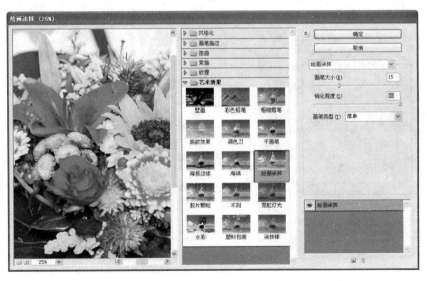

图 6.2.53

画笔大小:设置画笔直径大小。

锐化程度:设置图像的清晰程度。

画笔类型:从下拉列表中选择涂抹的画笔类型。

"胶片颗粒"滤镜:该滤镜可以在图像上添加杂色点,如图 6.2.54 所示。

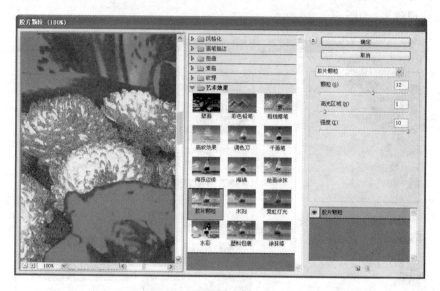

图 6.2.54

颗粒:设置图像添加颗粒的清晰程度。

高光区域:设置图像高光区域的范围。

强度:设置图像的明暗程度。

"木刻"滤镜:该滤镜可以利用版画和雕刻绘画技法,将图像处理成类似剪纸、木刻的艺术效果,如图 6.2.55 所示。

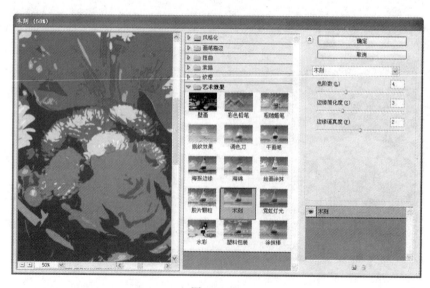

图 6.2.55

色阶数:设置图像的色彩层次。

边缘简化度:设置产生木刻图像的边缘简化程度。

边缘逼真度:设置产生木刻图像边缘的逼真程度。

"霓虹灯光"滤镜:滤镜根据前景色、背景色和所选择的发光颜色,使图像产生霓虹灯的发光效果,如图 6.2.56 所示。

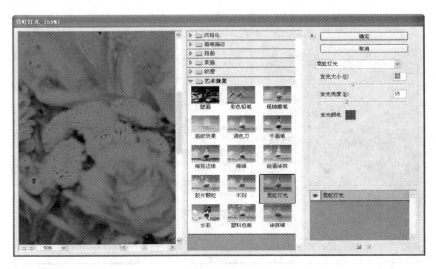

图 6.2.56

发光大小:设置霓虹灯的发光范围。参数值范围为—24～24。正值时为外发光;负值时为内发光。

发光亮度:设置霓虹灯的亮度。

发光颜色:点击右侧的色块,将打开"拾色器"对话框,设置发光的颜色。

"水彩"滤镜:该滤镜模拟水彩画绘画技法来表现图像的效果,辅以深色加强图像的边界,如图 6.2.57 所示。

图 6.2.57

画笔细节:设置画笔绘画的细腻程度。

阴影强度:设置图像中暗区的强度。

纹理:设置颜色交界处的纹理强度。

"塑料包装"滤镜:该滤镜创建给图像涂上一层光滑的强光效果,以强调表面细节的效果,如图 6.2.58 所示。

图 6.2.58

高光强度:设置图像中高光区域的亮度。

细节:设置图像中高光区域中的细节表现。

平滑度:设置图像中塑料包装的光滑程度。

"涂抹棒"滤镜:该滤镜使用较短的对角线来涂抹图像的暗部区域,从而柔化图像,较亮的区域会因变得更明亮而使细节缺失,如图 6.2.59 所示。

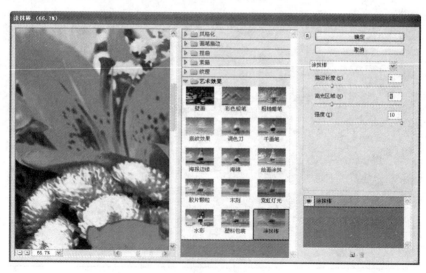

图 6.2.59

描边长度：设置涂抹线条的长度。

高光区域：设置图像中高光区域的范围。

强度：设置涂抹的强度。参数值越大，图像的反差就越明显。

6.3 液化

液化滤镜面板及工具名称如图 6.3.1 所示。

图 6.3.1

向前变形工具：图像随着鼠标的拖动的方向变形移动。

重建工具：可以恢复上一步骤变形效果。

褶皱工具：在需要变形时长按鼠标左键，在画笔区域内图像向内侧缩小变形。

膨胀工具：可长按鼠标左键，在画笔区域内图像向外侧扩大变形。

向左推动工具：向上向下拖移鼠标，图像向左向右移动。顺时针拖移鼠标以增加其大小，逆时针拖移鼠标以减小其大小。

手抓工具：可移动图像在窗口中显示的区域。

缩放工具：可放大或缩小图像显示的比例。

载入上次网格：使用网格可以辅助查看和跟踪扭曲。可以选择网格的大小和颜色，也可以存储某个图像中的网格并将其应用到其他图像中。

画笔大小：设置画笔的直径。

画笔压力：设置画笔在拖移时产生的扭曲速度。低压力可减慢更改速度。

恢复全部：用于恢复所有变形的图像。

6.4　消失点

"滤镜"→"消失点",快捷键是"Alt＋Ctrl＋V"。将具有透视效果的图像中进行的透视校正编辑。在消失点中,可以在图像中指定平面,然后应用绘画、仿制、拷贝或粘贴以及变换等编辑操作。修饰、添加或移去图像中的内容时,结果将更加逼真。

将鼠标指向"工具箱"中的工具,可在"工具注释"中显示工具的说明。消失点滤镜面板及各功能名称如图 6.4.1 所示。

图 6.4.1

6.5　滤镜

对于单独的滤镜对话框,需要调整预览比例时,可以单击放大或缩小按钮。有些滤镜对话框中有预览复选框,单击可开启或关闭滤镜预览效果。滤镜各参数名称如图 6.5.1 所示。

当放大预览图像时,可以在预览窗口中拖动图像进行观察。还可以在预览窗口中按住鼠标左键不松,然后再释放鼠标,以比较原有图像与应用滤镜后的图像效果,如图 6.5.2 所示。

在对话框中修改参数后,如果按住 Alt 键,对话框中的"取消"按钮就会变成"复位"按钮,单击"复位"按钮可以将参数恢复到初始状态,如图 6.5.3 所示。

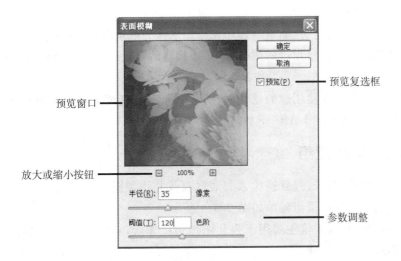

图 6.5.1

图 6.5.2

图 6.5.3

6.5.1 使用前景色和背景色的滤镜

很多滤镜需要应用前景色和背景色,在应用滤镜之前应将工具箱中的前景色和背景色设置好。

艺术效果→彩色铅笔(背景色),霓虹灯光(前景色和背景色)。

扭曲→扩散亮光(背景色)。

像素化→点状化(背景色)。

渲染→云彩、分层云彩、纤维(前景色和背景色)。

素描→基底凸现、粉笔和炭笔、炭笔、炭精笔、绘图笔、半调图案、便条纸、影印、石膏效果、网状、图章、撕边(前景色和背景色)。

风格化→拼贴(前景色或背景色)。

纹理→染色玻璃(前景色)。

有些滤镜效果,如炭笔、绘图笔与影印在采用默认的前景色和背景色时效果比较好。

若要重新应用上一次使用过的滤镜,并保持相同的参数设置,执行"滤镜"→最后所用的滤镜名称,或 Ctrl＋F 键。

若要重新打开上一次使用过的滤镜对话框,或打开滤镜库存并显示最近使用的滤镜参数设置,则按下快捷键 Ctrl＋Alt＋F 键。

6.5.2 风格化滤镜组

风格化滤镜组的滤镜通过置换像素和通过查找并增加图像的对比度,在选区中生成绘画或印象派的效果。该滤镜组菜单如图 6.5.4 所示。

"查找边缘"滤镜:该滤镜主要用于强化图像边缘像素,从而产生一个清晰的轮廓图像,而其他部分则进行淡化处理。

"等高线"滤镜:该滤镜可以将主要亮度区域的边缘处理成轮廓线样式,并为每个通道的主要亮区勾勒出边缘线,如图 6.5.5 所示。

图 6.5.4

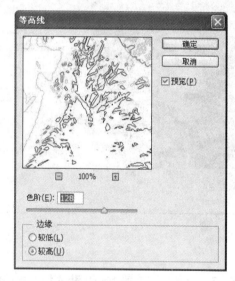

图 6.5.5

色阶:设置等高线对应的像素颜色范围。

边缘:设置图像颜色值的边缘范围。"较低"将查找颜色值低于指定色阶值的区域;"较高"将查找颜色值高于指定色阶值的区域。

"风"滤镜:模拟风吹的效果。

提示:如果要模拟其他方向的风吹效果,需要先将图像旋转。

浮雕效果滤镜:该滤镜主要用于生成浮雕效果,如图 6.5.6 所示。

角度:设置光线照射的角度,即产生浮雕效果的方向。

高度:设置图像浮雕效果的凸出高度。

数量：设置浮雕滤镜的作用范围，该值越高，边界越清晰，小于 40％时，整个图像会变灰。

"扩散"滤镜：可以产生油画或毛玻璃的分离模糊效果，如图 6.5.7 所示。

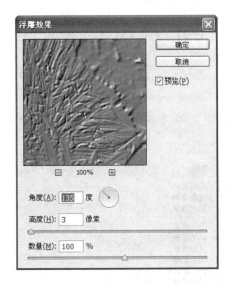

图 6.5.6

图 6.5.7

正常：图像的所有区域都进行扩散处理，与图像的颜色值没有关系。

变暗优先：用较暗的像素替换较亮的像素，来实现扩散的效果。

变亮优先：用较亮的像素替换较暗的像素，来实现扩散的效果。

各向异性：在颜色变化最小的方向上搅乱像素，以实现扩散的效果。

"拼贴"滤镜：可以产生不规则瓷砖拼贴的图像效果，如图 6.5.8 所示。

拼贴数：设置图像在高度方向上的拼贴块数量。

最大位移：设置图像从原始位置到发生位移的最大距离。

填充空白区域用：设置位移后空白区域的填充方式，可以使用前后背景色填充或反转图像。

"曝光过度"滤镜：该滤镜可以模拟出摄影中由于光线强度较大而产生的过度曝光的效果。

"凸出"滤镜：可以产生特殊的立体效果，如图 6.5.9 所示。

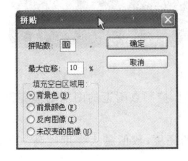

图 6.5.8

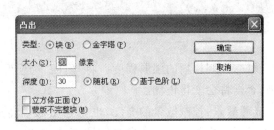

图 6.5.9

类型：设置凸出的类型。选择"块"，可以创建具有一个方形的正面和四个侧面的对象；选择"金字塔"，将创建具有相交于一点的四个三角形侧面的对象。

大小：设置生成"块"或"金字塔"的大小。

深度：设置凸出的像素的高度。选择"随机"，将产生随机的深度效果；选择"基于色阶"，则表示使每个对象的深度与其亮度相对应，越亮凸出的越多。

6.5.3　模糊滤镜组

模糊滤镜组可以柔化图像。通过平衡图像中已定义的线条和遮蔽区域清晰边缘的像素，使图像变得柔和。该滤镜组菜单如图 6.5.10 所示。

图 6.5.10

"场景模糊"滤镜：该滤镜模拟照相机中的景深效果，可以在图像中添加多个模糊点，用来控制图像中不同区域的模糊程度，如图 6.5.11 所示。

图 6.5.11

模糊：控制模糊的强弱程度。将"模糊"选项设置为 0 时，控制点附近的图像则会变得更清晰，否则将会变得模糊。

光源散景：控制散景的亮度，也就是图像中高光区域的亮度，数值越大亮度越高。所谓散景，是图像中焦点以外的发光区域，类似光斑效果。

散景颜色:控制高光区域的颜色。由于是高光,所以颜色一般都比较淡。

光照范围:用色阶来控制高光范围,数值为 0～255 之间的数,范围越大,高光范围就越大,否则高光就越少。

"光圈模糊"滤镜:可以通过在图像中添加控制点、控制模糊范围和过渡模糊层次等操作,得到一种大光圈镜头式的自然景深效果,如图 6.5.12 所示。

图 6.5.12

"倾斜偏移"滤镜:模拟移轴摄影效果,可以用于模拟移轴镜头的虚化效果,如图 6.5.13 所示。

图 6.5.13

"表面模糊"滤镜:可以在保留边缘的同时模糊图像,该滤镜用于创建特殊效果并消除杂色或颗粒物,如图 6.5.14 所示。

半径:指定模糊取样区域大小。

阈值:控制相邻像素色调值与中心像素值相关多少时才能成为模糊的一部分。

"动感模糊"滤镜:可以沿指定的方向(－360°～＋360°)以指定强度(1～999)进行模糊。该滤镜可以模拟相机的给移动对象拍照时设置的曝光时间,如图 6.5.15 所示。

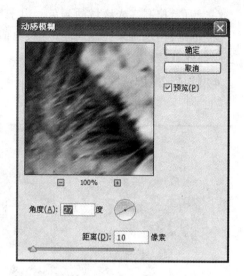

图 6.5.14　　　　　　　　　　　　　　　　　图 6.5.15

角度：设置动感模糊的方向。

距离：设置模糊的大小。

"方框模糊"滤镜：基于相邻像素的平均颜色值来模糊图像。该滤镜用于创建特殊效果，可以调整用于计算给定的平均值的区域大小；半径越大，产生的模糊效果越好。

"高斯模糊"滤镜：根据可调整的量快速模糊选区。高斯模糊可以添加低频细节，并产生一种朦胧的效果。

"进一步模糊"滤镜：该滤镜的工作原理与"模糊"滤镜相同，效果比"模糊"滤镜强。

"径向"模糊：能够模拟缩放或旋转的相机所产生的模糊，产生一种柔化的模糊，如图 6.5.16 所示。

数字：指定模糊度的参数值。

模糊方法：旋转，沿中心点环线模糊；缩放，则沿径向线模糊，好像是在放大或缩小图像。

品质：草图，产生速度较快但质量较差的图像；好和最好，产生比较平滑的效果。

中心模糊：通过拖拽来指定模糊的中心。

"镜头模糊"滤镜：该滤镜可以模拟亮光在照相机镜头所产生的折射效果，制作镜头景深模糊

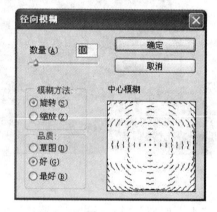

图 6.5.16

效果。但是需要用 Alpha 通道或图层蒙版的深度值来映射图像中像素的位置。

6.5.4　扭曲滤镜组

扭曲滤镜组中的滤镜，通过计算可以将图像进行几何扭曲，创建立体效果或其他效果。其中玻璃滤镜、海洋波纹、扩散亮光存在于滤镜库中，如图 6.5.17 所示。

图 6.5.17

"波浪"滤镜:模拟风吹动水面的波动效果,如图 6.5.18 所示。

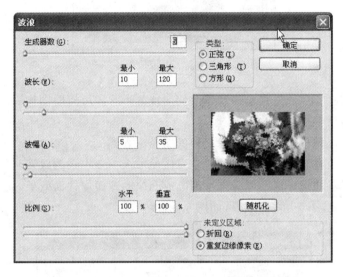

图 6.5.18

生成器数:设置波纹生成的数量。

波长:设置相邻两个波峰之间的距离。可以分别设置最小波长和最大波长,而且最小波长不可以超过最大波长。

波幅:设置波浪的高度。可以分别设置最小波幅和最大波幅,同样最小的波幅不能超过最大的波幅。

比例:设置水平和垂直方向波浪波动幅度的缩放比例。

类型:设置生成波纹的类型。

"波纹"滤镜:在图像上生成波状起伏的样式,像水池表面的波纹。

"极坐标"滤镜:将图像从平面坐标置换到极坐标,或将图像从极坐标置换到平面坐标。

"挤压"滤镜:该滤镜可以得到凹凸镜面的效果。

"切变"滤镜:通过拖移框中垂直线段来扭曲图像,单击"默认"可将曲线恢复为直线,如图 6.5.19 所示。

切变控制区:拖拽曲线控制图像的扭曲变形。在曲线上单击可以添加控制点,多次单击

图 6.5.19

可以添加更多的控制点;通过拖动控制点改变曲线的形状即可扭曲图像;如果要删除某个控制点,将它拖至对话框外即可。

折回:在空白区域中填入溢出图像之外的图像内容。

重复边缘像素:在图像边界不完整的空白区域填入扭曲边缘的像素颜色。

"球面化"滤镜:滤镜可以使图像产生凹陷或凸出的球面或柱面效果,就像图像被包裹在球面上或柱面上一样,产生立体效果,如图 6.5.20 所示。

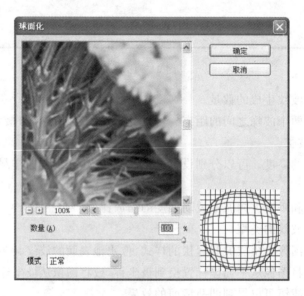

图 6.5.20

"数量":其最大值是正值 100%,得到凸透镜效果;负值 100%,得到凹透镜效果。

"水波"滤镜:根据选区中像素的半径将选区径向扭曲,如图 6.5.21 所示。

图 6.5.21

起伏:设置水波方向从选区的中心到其边缘的反转次数以及如何置换像素。

样式下拉列表中包括:水池波纹,将置换到左上方或右下方;从中心向外,向着或远离选区中心置换像素;围绕中心,围绕中心旋转像素。

"旋转扭曲"滤镜:可以旋转选区,中心的旋转程度比边缘的旋转程序大。指定角度可以生成旋转扭曲图案。

"置换"滤镜:可以指定一个用于置换的 PSD 格式的图像,并使用该图像的颜色、形状和纹理等来确定当前图像中的扭曲方式,最终使两幅图像交错组合在一起,产生位移扭曲效果,如图 6.5.22 所示。

水平比例和垂直比例:表示置换图像的应用程序。

伸展以适合:调整置换图像大小。

拼贴:通过在图案中重复使用置换图来填充选区。

图 6.5.22

未定义区域:确定处理图像中未扭曲区域的方法。

6.5.5　锐化滤镜组

锐化滤镜组中的滤镜通过增加相邻像素的对比度生成模糊的图像,如图 6.5.23 所示。

"USM 锐化"滤镜:用于增加图像中相邻颜色的对比度,使颜色的交界处色值更清晰,如图 6.5.24 所示。

图 6.5.23   图 6.5.24

数量:设置图像对比的强度。

半径:设置边缘像素影响锐化的像素数目。

阈值:设置锐化像素与周围区域亮度的差值。

"锐化"滤镜和"进一步锐化"滤镜:聚焦选区并提高其颜色对比度和清晰度。

"锐化边缘"滤镜:该滤镜只将图像边缘锐化,保留图像整体的平滑度和柔和度。

"智能锐化"滤镜:通过计算锐化法来锐化图像,或者控制阴影和高光中的锐化量,如图

6.5.25 所示。

图 6.5.25

"模糊"滤镜:能够在图像中有显著颜色变化的地方消除杂色。通过平衡已定义的线条和遮蔽区域的清晰边缘,使图像显得柔和。

"平均"滤镜:滤镜可以找出图像中的平均颜色,然后用该颜色填充图像或选区以创建平滑的外观。

"特殊模糊"滤镜:该滤镜可以精确地模糊图像,如图 6.5.26 所示。

半径:确定搜索同像素的区域大小。

阈值:计算像素具有多少差异会受到影响。整个选区模式设置为正常、仅限边缘或叠加边缘。

"形状模糊"滤镜:可以根据选定的形状来创建模糊,如图 6.5.27 所示。

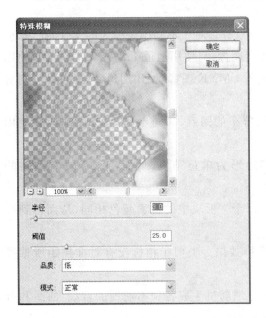

图 6.5.26

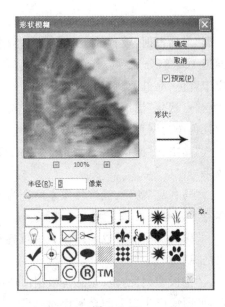

图 6.5.27

自定义形状:在列表框中可以选取任一种形状,"半径"参数值调整其产生的模糊形状大小。

6.5.6　像素化滤镜组

"像素化"滤镜组中的滤镜,通过使单元格中的颜色值相近的像素结成块来生成特殊的效果。该滤镜组菜单如图 6.5.28 所示。

"彩块化"滤镜:可以使图像中纯色或近似颜色结合成相近颜色的色块。使用这种滤镜可使图像看起来像手绘图像。

"彩色半调"滤镜:模拟在图像的每个通道上使用放大的网屏的效果,看起来像印刷图像时显示的效果。对于每个通道,滤镜将图像划分为矩形,并且用圆形替代每个矩形。圆形的大小与矩形的亮度成比例,如图 6.5.29 所示。

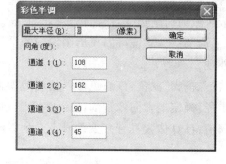

图 6.5.28　　　　　　　　　　　　　　图 6.5.29

提示：最大半径指网点的最大半径，范围为 4～127。对于不同图像模式的文件，在"彩色半调"对话框时，设置的通道参数也不同：对于灰度图像，只使用通道 1；对于 RGB 图像，使用通道 1、2、3，分别对应红色、绿色和蓝色通道；对于 CMYK 图像，使用通道 1、2、3、4，分别对应于青色、品红、黄色和黑色通道。

"点状化"滤镜：将图像中的颜色分解为随机分布的网点，如同点状化绘画一样，并使用背景色作为网点之间的画布区域。

"晶格化"滤镜：可以使图像中的像素以多边形为单位结块，从而使画面具有晶格的效果。

"马赛克"滤镜：能够使像素结合为方形块。每个方形块中的像素颜色相同，从而得到马赛克的艺术效果。

"碎片"滤镜：可以使图像产生重叠位移的模糊效果。类似于相机没有对准焦距所拍摄出的模糊效果。

"铜板雕刻"滤镜：该滤镜根据图像中的深色区域随机生成各种不规则的直线、曲线和斑点，使图像产生破旧的金属板面效果。

6.5.7　渲染滤镜组

滤镜组中的滤镜能够在图像中创建 3D 形状、云彩图案、折射图案和模拟的光反射，也可在 3D 空间中操纵对象，创建 3D 对象，并从灰度文件产生类似 3D 的光照效果。该滤镜组菜单如图 6.5.30 所示。

"分层云彩"滤镜：该滤镜使用前景色与背景色的色值随机生成云彩图案。执行此滤镜时，图像补反相为云彩图案。应用此滤镜几次以后，会创建出与大理石的纹理相似的纹脉图案。

"镜头光晕"滤镜：该滤镜可以模拟亮光照射到相机镜头所产生的折射。通过单击图像缩览图的任一位置或拖移其"十"字线，可以指定光晕的中心位置，如图 6.5.31 所示。

光晕中心：设置光晕的中心位置。在预览窗口中拖动"十"字形标记，可改变光晕中心的位置。

亮度：设置光晕的亮度值。

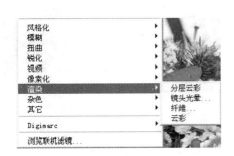

图 6.5.30　　　　　　　　　　　　　　图 6.5.31

镜头类型:设置镜头的类型。不同的镜头将产生不同的光晕效果。

"纤维"滤镜:该滤镜可以使用前景色和背景色创建编辑纤维的外观,如图 6.5.32 所示。

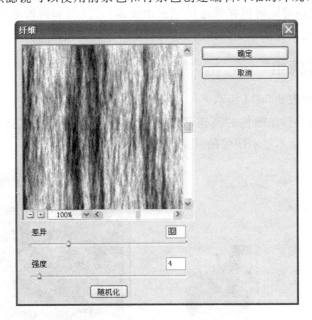

图 6.5.32

变化:控制颜色的变化方式,较小的值会产生较长的颜色条纹;较大的值会产生非常短且颜色分布变化大的纤维。

浓度:控制每根纤维的外观,低设置会产生松散的织物,高设置会产生短的绳状纤维。

"云彩"滤镜:云彩滤镜可以使用介于前景色与背景色之间的随机值,生成柔和的云彩图案。

6.5.8 杂色滤镜组

杂色滤镜组中的滤镜,可以添加或移去杂色或带有随机分布色阶的像素,这有助于将选区混合到周围的像素中。该滤镜可以创建不同的纹理或移动有问题的区域,如图 6.5.33 所示。

"减少杂色"滤镜:该滤镜可以通过对整个图像或各个通道的设置,以减少图像中的杂色效果。

"蒙尘与划痕"滤镜:通过更改相异的像素减少杂色,在锐化图像和遮蔽瑕疵之间取得平衡。

图 6.5.33

"去斑"滤镜:该滤镜用于探测图像中有明显颜色改变的区域,并模糊除边缘区域以外的所有部分。此模糊效果可在去掉杂色的同时保留细节。

"添加杂色"滤镜:将随机像素应用于图像,模拟在胶片上的拍照的效果。

"中间值"滤镜:该滤镜可以在邻近的像素中搜索,去除与邻近像素相差过大的像素,用得到的像素中间亮度来替换中心像素的亮度值,使图像变得模糊。

6.5.9 其他滤镜组

该滤镜组菜单如图 6.5.34 所示。

"高反差保留"滤镜:在颜色的高亮部进行过渡,删除图像中亮度逐渐变化的低频率细节,保留边缘细节,并且不显示图像的其余部分,如图 6.5.35 所示。

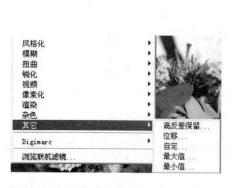

图 6.5.34

图 6.5.35

半径:该滤镜对于从扫描图像中取出艺术线条和大的黑白区域。用于保留原图像的清晰度。如果该值为0,则整个图像会变为灰色。

"位移"滤镜:可以将图像进行水平或垂直移动,并可以建立选区将指定位置的图像移动到选区中去,如图6.5.36所示。

水平:设置图像在水平方向上的位移大小。当值为正值时,图像向右偏移;当值为负值时,图像向左偏移。

垂直:设置图像在垂直方向上的位移大小。当值为正值时,图像向上偏移;当值为负值时,图像向下偏移。

未定义区域:设置图像偏移后产生的空缺部分的填充方式。

设置为背景:以背景色填充空缺部分。

重复边缘像素:在图像边界不完整的空缺部分填入扭曲边缘的像素颜色。

折回:在空缺部分填入溢出图像之外的图像内容。

"自定"滤镜:可以根据自己的需要,设计自己的滤镜,可以根据周围的像素值为每个像素重新指定一个值,产生锐化、模糊、浮雕等效果。

"最大值"滤镜:具有阻塞的效果,可以扩展白色区域并收缩黑色区域。通过设置查找像素周围最大亮度值的半径,在此范围内的像素的亮度值被设置为最大亮度,如图6.5.37所示。

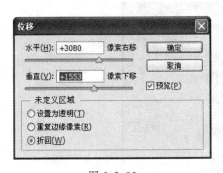

图 6.5.36

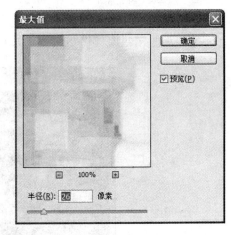

图 6.5.37

半径:设置周围像素的取样距离。

"最小值"滤镜:具有伸展的效果,可以收缩白色区域并扩展黑色区域。通过设置查找像素周围最小亮度值的半径,在此范围内的像素的亮度值被设置为最小亮度。

6.6 应用实例——背景效果制作

(1)设计要求

实例中主要运用一些常用的滤镜功能来完成制作背景效果。

（2）制作过程

① 新建文件，18cm×18cm，RGB 模式，填充黑色。

② 执行"滤镜→渲染→镜头光晕"，如图 6.6.1 和图 6.6.2 所示。

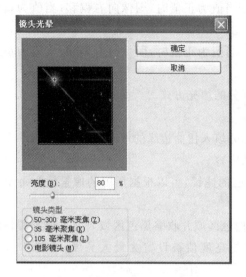

图 6.6.1　　　　　　　　　　　　　　　图 6.6.2

③ 执行"滤镜→扭曲→极坐标"，选中平面坐标到极坐标，如图 6.6.3 所示。

图 6.6.3

④ 选择"渐变工具"，"模式"设置为"颜色"，渐变方式为"角度渐变"，在画面中拖拽。效果如图 6.6.4 所示。

⑤ 把"背景图层"复制得到"背景副本"，执行"滤镜→扭曲→波浪"，如图 6.6.5 所示。

⑥ 再次执行 Ctrl＋F，调出理想效果，如图 6.6.6 所示。

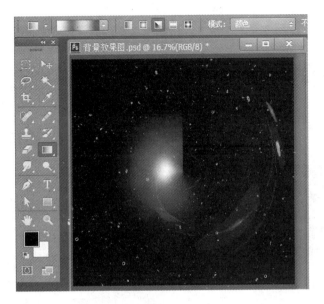

图 6.6.4

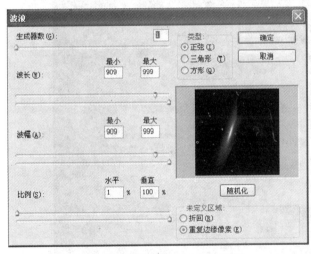

图 6.6.5

图 6.6.6

⑦ 执行"滤镜→扭曲→切变",再执行 Ctrl＋L 色阶命令,调出颜色层次和明度,如图 6.6.7 和图 6.6.8 所示。

⑧ 重复 5～7 步骤,多制作几组效果,适当调整好角度及颜色。再把各图层混合模式改为"滤色"效果。最后效果如图 6.6.9 所示。

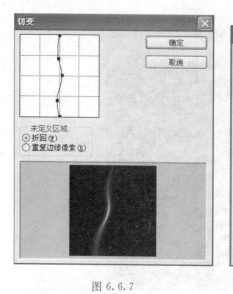

图 6.6.7

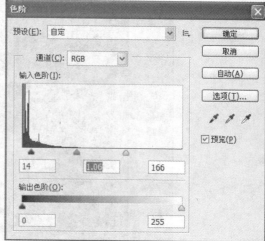

图 6.6.8

图 6.6.9

第 7 章　综合案例

7.1　企鹅图标

(1)设计要求

此案例主要通过工具、图层等常用工具和功能命令绘制卡通动漫图标。

(2)绘制步骤

① 新建文件,15cm×12cm,分辨率为 300DPI,颜色模式为 RGB。

② 新建图层,命名为"头部"。选择椭圆选框工具,按 Shift 键,绘制一个正圆为企鹅头部,填充 RGB 值为 0、150、255。

③ 新建图层,命名为"身体",选择椭圆选框工具,绘制一个椭圆为企鹅身体,填充 RGB 值为 0、150、255,添加内阴影图层样式,参数和"头部"一致,如图 7.1.1 所示。

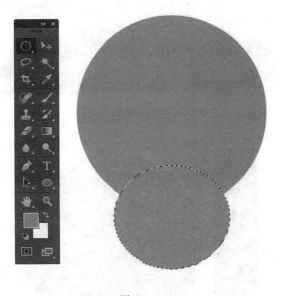

图 7.1.1

④ 新建图层,命名为"毛发",用"钢笔工具"绘制企鹅的毛发,双击"工作路径",命名为"路径 1",填充同样的蓝色,如图 7.1.2 和图 7.1.3 所示。

⑤ 新建图层,命名"手臂",用"椭圆工具"绘制出企鹅的手臂,使用"Ctrl＋T(自由变换)"命令将手臂旋转到合适的角度,双击鼠标左键。再"复制粘贴"一份,选择"编辑"→"变换"→"水平翻转"命令,将手臂移动到身体的另一侧,填充同样的蓝色,如图 7.1.4 所示。

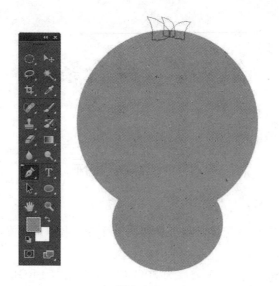

图 7.1.2

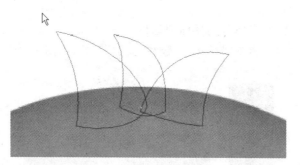

图 7.1.3

图 7.1.4

⑥ 制作企鹅的双脚,新建图层,命名图层名称为"双脚",用"椭圆选框"工具绘制一个大椭圆,再绘制一个小椭圆,用小椭圆分两次删去大椭圆的一部分,即是左脚,右脚是个半圆,如图 7.1.5 所示。

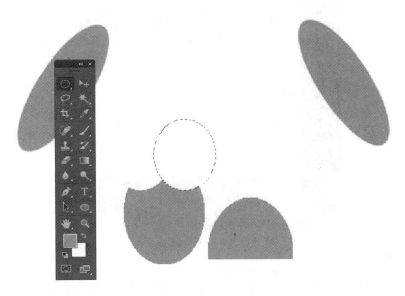

图 7.1.5

⑦ 制作企鹅的脸部,绘制椭圆形,执行"选择"→"变换选区",调整椭圆向右倾斜,填充白色,"复制粘贴"椭圆,按 Ctrl+T,点击鼠标右键,选择"水平翻转",移动到合适位置,双击鼠标,如图 7.1.6 和图 7.1.7 所示。

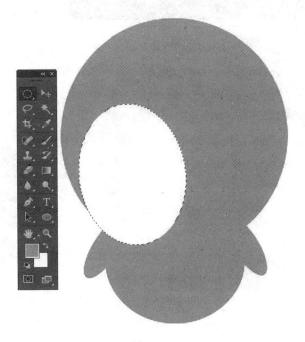

图 7.1.6

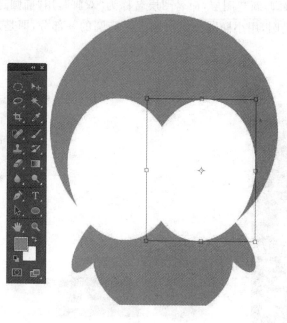

图 7.1.7

⑧ 选择"魔棒工具",点选头部外形,选择画笔工具,画笔属性设置如图,涂抹白色脸部缺少的部分,再执行反向选择 Shift+Ctrl+I,将多余的脸部区域按 Delete 删除,如图 7.1.8 和图 7.1.9 所示。

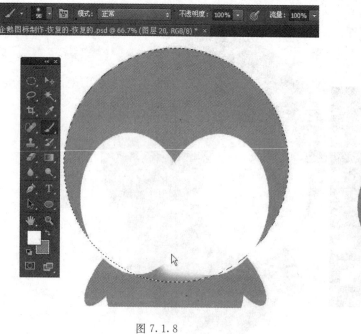

图 7.1.8   图 7.1.9

⑨ 选择"头部"图层,添加内阴影图层样式,选择"图层"→"图层样式"→"内阴影"。"身体"图层同样添加内阴影图层样式,参数设置相同,如图 7.1.10 所示。

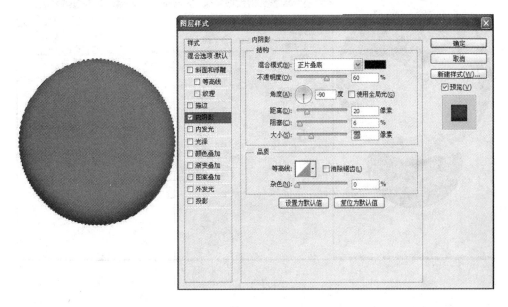

图 7.1.10

⑩ 添加脸部效果,我们使用径向渐变,取消"与图层对齐",以使渐变不会受限于形状的边缘。将大小缩放到 50％,使得颜色过渡得更加自然。单击"渐变",白色位置:30％,如图 7.1.11 所示。

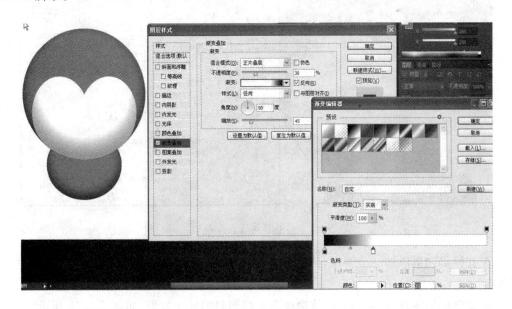

图 7.1.11

⑪ 添加内阴影,我们将内阴影所表示的光反射到脸部下面,投射常规光,如图 7.1.12

所示。

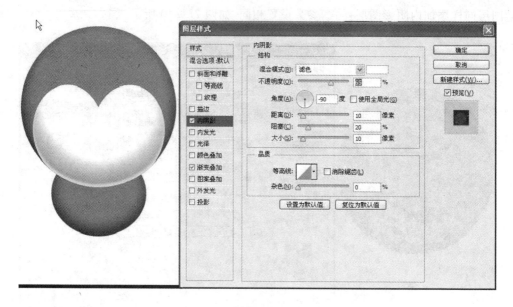

图 7.1.12

⑫ 脸部边缘添加内发光，数值如图 7.1.13 所示。

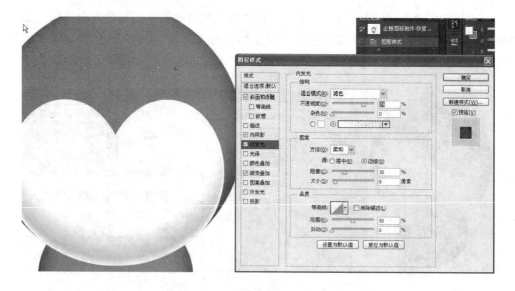

图 7.1.13

⑬ 在脸部四周添加一个斜面，使脸部多一些阴影。使用描边和斜面浮雕，如图 7.1.14 所示。

⑭ 脸部的周围再添加外发光，使边缘有一种塑料的发光效果，如图 7.1.15 所示。

⑮ 添加一个柔和的投影，以使颈部这里有一些阴影，如图 7.1.16 所示。

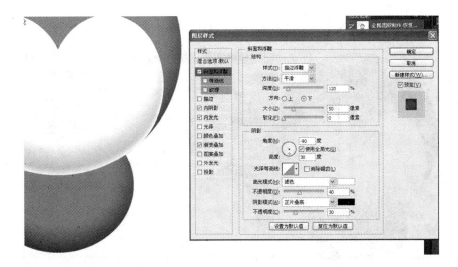

图 7.1.14

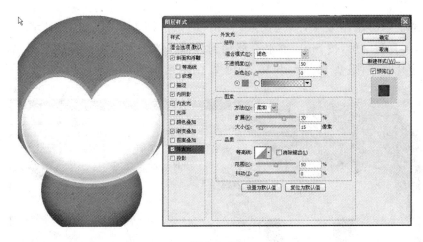

图 7.1.15

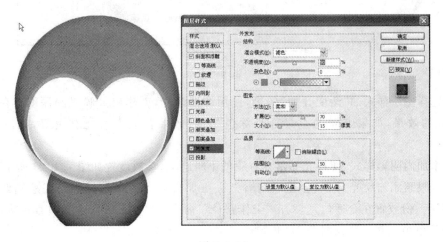

图 7.1.16

⑯ 添加描边效果,参数设置如图 7.1.17 所示。

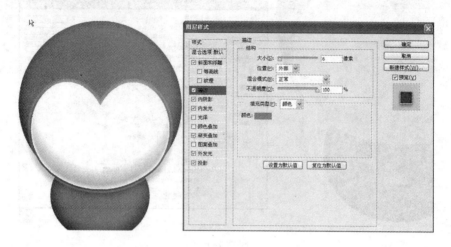

图 7.1.17

⑰ 制作企鹅的眼睛效果,新建图层,使用"椭圆选框工具"绘制正圆,填充 RGB 值为 100、75、40,再复制一份,按 Shift 键水平移动到合适位置。使用图层样式来添加,使用黑色的内发光,正片叠底,阻塞 100,大小 10,如图 7.1.18 所示。

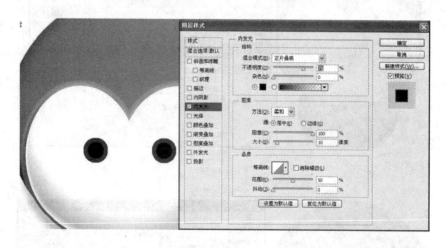

图 7.1.18

⑱ 选择图层样式的"渐变叠加"效果,使用线性渐变,创建出虹膜里的深度。在虹膜上添加亚光的效果,如果虹膜的上半部是深色的话,效果看上去可能会更好,如图 7.1.19 所示。

⑲ 添加内阴影样式,使得光亮落在虹膜的下眼睑上,参数设置如图 7.1.20 所示。

⑳ 给眼睛添加反光部分,会让眼睛看上去更加自然。选择"钢笔工具"绘制两个月牙形,再复制一份放置在合适位置,双击"工作路径",命名为"路径 2"。选择前景色为白色,选择"用前景色填充路径",如图 7.1.21 所示。

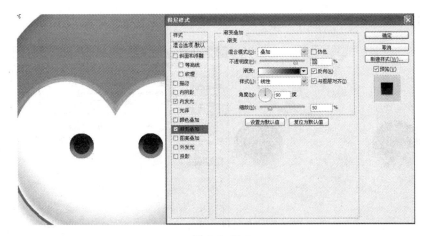

图 7.1.19

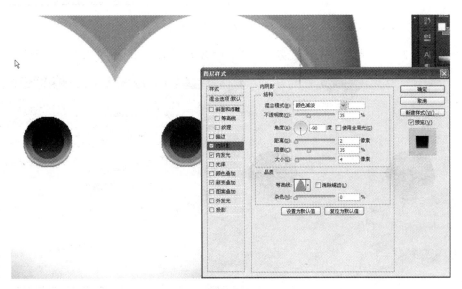

图 7.1.20

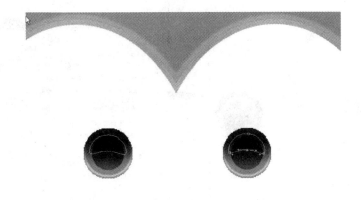

图 7.1.21

㉑ 使用"图层样式",设置眼睛上的反光效果,参数设置如图 7.1.22 所示。

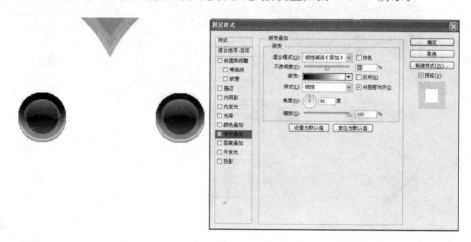

图 7.1.22

㉒ 设置眼睛上反光部分的高光效果,参数设置如图 7.1.23 和图 7.1.24 所示。

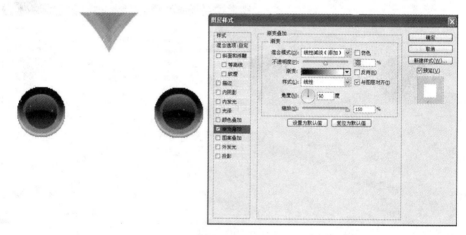

图 7.1.23

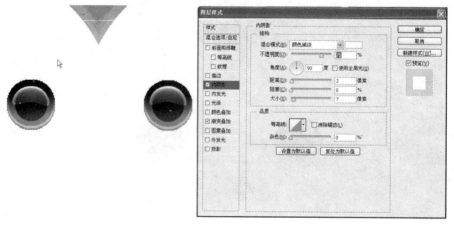

图 7.1.24

㉓ 制作企鹅毛发效果,将已有的"路径 1"复制,命名为"路径 1 副本",调整三个路径各自所处位置,如图 7.1.25 所示。

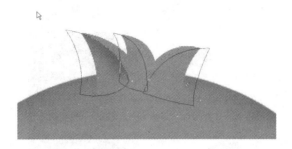

图 7.1.25

㉔ 新建图层,选择左边的毛发路径,在"路径"面板中选择"将路径作为选区载入",设置前景色为黑色,选择画笔,在选择区域里进行绘制,画笔设置属性如图 7.1.26 所示。

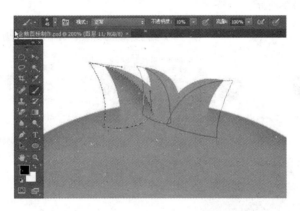

图 7.1.26

㉕ 再新建两个图层,分别绘制中间的毛发和右边的毛发,设置属性参考上一步骤。需要修改的地方可以选择工具箱中的"橡皮擦工具""不透明度为 10％",进行修改,如图 7.1.27 所示。

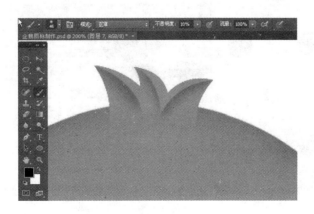

图 7.1.27

㉖ 制作企鹅的嘴，新建图层，选择"钢笔工具"绘制，双击保存"工作路径"，命名为"路径3"，填充前景色 RGB 值为 245、200、0，如图 7.1.28 所示。

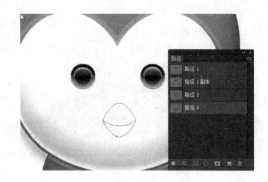

图 7.1.28

㉗ 绘制上半部嘴巴的立体效果，使用"图层样式"的内阴影及内发光效果，参数设置如图 7.1.29 和图 7.1.30 所示。

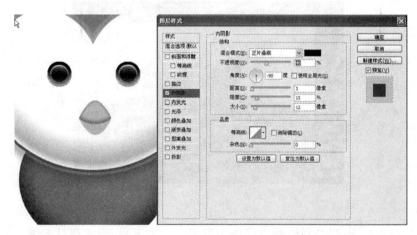

图 7.1.29

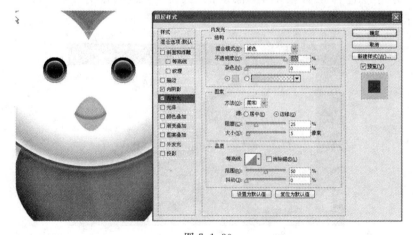

图 7.1.30

㉘ 绘制下半部嘴巴的立体效果,使用"图层样式"的内阴影及内发光效果及投影效果,"内发光"发光色彩 RGB 值为 255、228、0,参数设置如图 7.1.31、图 7.1.32 和图 7.1.33 所示。

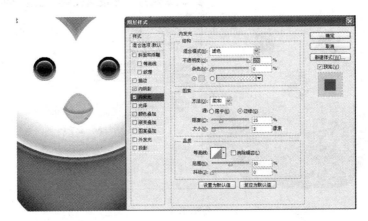

图 7.1.31

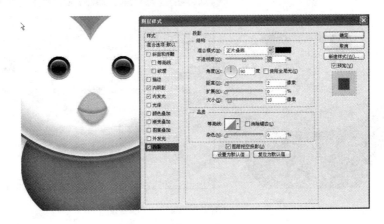

图 7.1.32

图 7.1.33

㉙ 选择"椭圆"图层,添加内阴影、内发光和投影效果,"内发光"发光色彩 RGB 值为 0、150、255,参数设置如图 7.1.34、图 7.1.35 和图 7.1.36 所示。

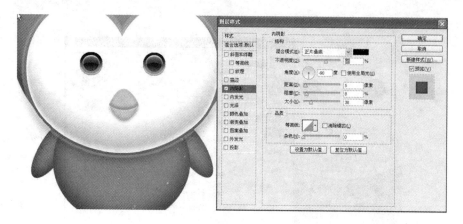

图 7.1.34

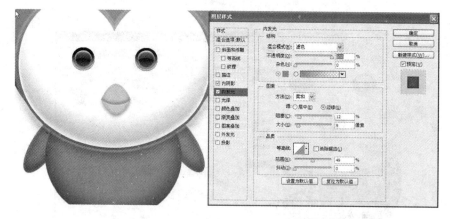

图 7.1.35

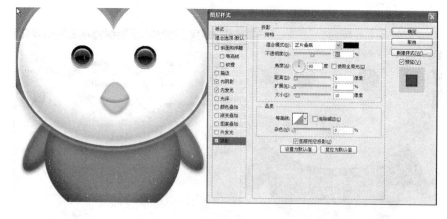

图 7.1.36

㉚ 选择"双脚"图层,添加内阴影、斜面浮雕和描边效果,"描边"颜色 RGB 值为 0、110、200,参数设置如图 7.1.37、图 7.1.38 和图 7.1.39 所示。

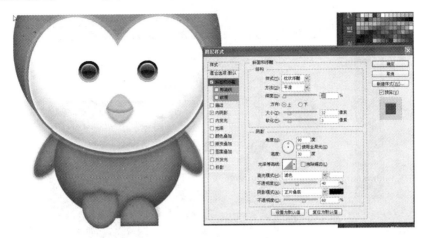

图 7.1.37

图 7.1.38

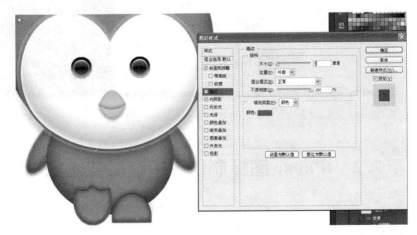

图 7.1.39

㉛ 新建一层,命名为"高光"层,增加企鹅的立体效果,选择"画笔"在脸部上方和身体上方进行绘制,选择前景色为白色,选择图层混合模式为"叠加",设置参数如图 7.1.40 所示。

图 7.1.40

㉜ 最终效果如图 7.1.41 所示。

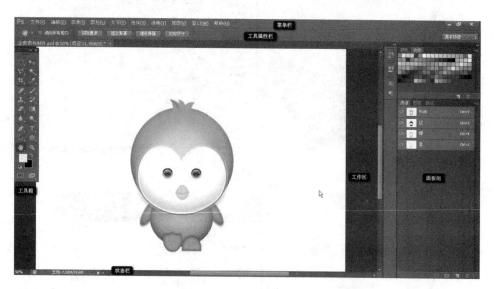

图 7.1.41

7.2　iPhone 图标制作——咖啡杯图标

(1)设计要求

此案例通过圆角矩形工具、钢笔工具、图层样式、剪切图层等功能命令的应用,完成

iPhone 图标——咖啡杯图标的设计制作。

（2）在进入案例练习之前,首先要了解清楚关于 iPhone 图标设计的相关尺寸及分辨率。

① iPhone 的图标尺寸

设备	App Store(Retina)	App Store	主屏幕	Spotlight 搜索
iPhone5	1024px－180px	512px－90px	114px－20px	58px－10px
iPhone4－iPhone4s	1024px－180px	512px－90px	114px－20px	58px－10px
iPhone&iPod Touch 第一代、第二代、第三代	1024px－180px	512px－90px	57px－10px	29px－5px

② iPhone 的分辨率

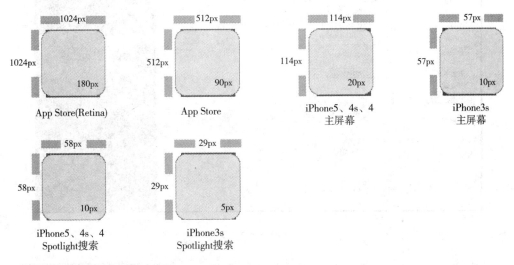

（3）制作图标基本形效果

① 执行“文件→新建”命令,在弹出的“新建”对话框中设置各项参数属性,完成后单击
“确定”,如图 7.2.1 所示。

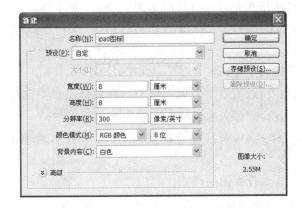

图 7.2.1

② 双击"背景"图层将其转换为"图层 0",设置前景色为♯009bad 颜色,按快捷键 Alt＋Delete 填充。

③ 给"图层 0"添加图案叠加图层样式,设置混合模式为"正片叠底",在"图案"中选择"深色排列",缩放为 50％,如图 7.2.2 所示。

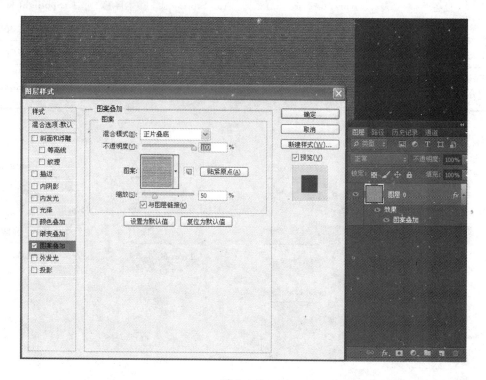

图 7.2.2

④ 选择"圆角矩形工具",在画面中单击弹出"创建圆角矩形"对话框,输入宽度和高度为 800 像素,圆角为 100 像素,填充灰色♯a0a0a0,如图 7.2.3 所示。

⑤ 选择绘制好的"圆角矩形 1",为其添加图案叠加图层样式和颜色叠加图层样式,如图 7.2.4 和图 7.2.5 所示。

在"图案叠加"图层样式中,选择"图案",点击三角

图 7.2.3

形下拉菜单,展开图案列表,点击右上角的图标 ，在快捷菜单中选择"艺术表面",在弹出的对话框中选择"追加",选择"深色粗织物",缩放为 35％。

在"颜色叠加"图层样式中,选择混合模式为"正片叠底",后面的色块选择颜色为♯c5c5c5,不透明度为 30％。

继续给圆角矩形 1 添加投影图层样式。

⑥ 选择"圆角矩形 1",按快捷键 Ctrl＋J 复制得到"圆角矩形 1 副本",填充白色。在图层上点击鼠标右键,在弹出的快捷菜单中选择"清除图层样式"。将该图层向上移动适当距

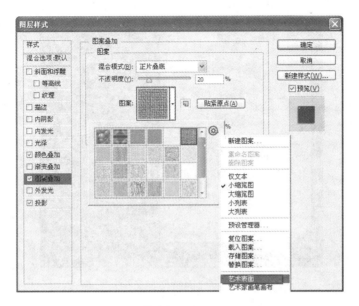

图 7.2.4

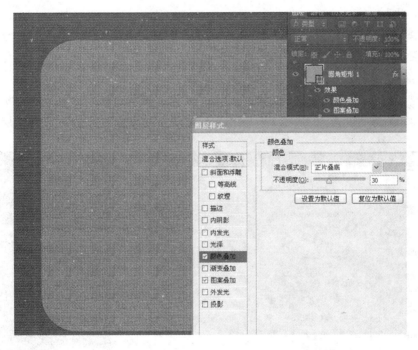

图 7.2.5

离,如图 7.2.6 所示。

⑦ 选择"圆角矩形 1",按快捷键 Ctrl＋J 复制得到"圆角矩形 1 副本 2",将其移动到所有图层最上方,并向上和向右移动一至两次,露出白边效果。

用鼠标右键点击该图层,在弹出的快捷菜单中选择"清除图层样式"。为其添加"斜面和

图 7.2.6

浮雕"和"图案叠加"图层样式,其中"图案叠加"中"图案"的选择和第 5 步相同,如图 7.2.7
和图 7.2.8 所示。

⑧ 选择"圆角矩形 1"图层,打开 01.jpg 文件。拖拽到当前图像中,生成"图层 1",将其
放置于图像中合适位置。按住 Alt 键,在"圆角矩形 1"图层和"图层 1"之间点击鼠标,得到
当前图层的剪切图层,如图 7.2.9 所示。

⑨ 新建"图层 2",设置前景色为黑色,单击"画笔工具",选择柔边画笔样式并调整其大
小为 70 像素,不透明度为 10%~20%,在添加剪切图层的位置进行涂抹,创建图层的立体厚

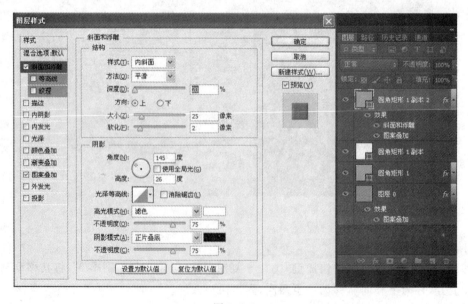

图 7.2.7

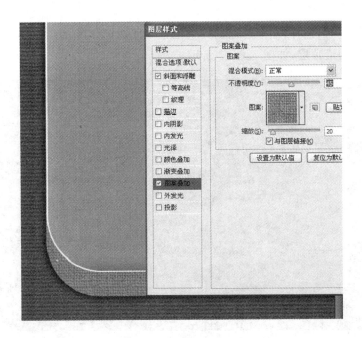

图 7.2.8

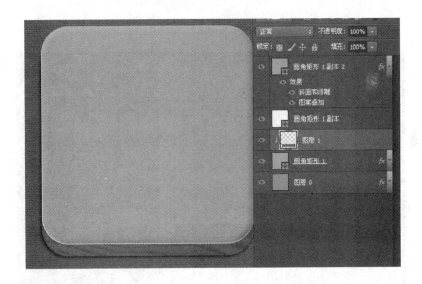

图 7.2.9

度效果。按住 Alt 键,在"图层 1"和"图层 2"之间点击鼠标,得到当前图层的剪切图层效果,如图 7.2.10 所示。

⑩ 选择"钢笔工具",创建梯形样式路径。选择"渐变工具",调整黄色♯704306 到黑色 ♯000000 的双色渐变效果,将路径转换为选区,在选区里拖拽进行渐变,如图 7.2.11 所示。

⑪ 按住 Alt 键,在"图层 2"和"图层 3"之间单击,得到剪切图层,如图 7.2.12 所示。

⑫ 新建"图层 4",选择"矩形选框工具",创建矩形选框。填充♯704306 颜色,将当前图层置于所有图层的最顶层,如图 7.2.13 所示。

图 7.2.10

图 7.2.11

图 7.2.12

图 7.2.13

（4）制作咖啡杯基本样式

① 新建图层组"外形"，将圆角矩形内的所有对象都移动到"外形"图层组里进行保存。再新建图层组"咖啡杯"。

② 选择"椭圆工具"，建立椭圆形，生成"椭圆 1"图层，椭圆大小为 504px×378px，填充白色。

③ 选择"椭圆 1"图层，生成"椭圆 1 副本"，使用快捷键 Ctrl＋T，选择"编辑→变换路径→扭曲"命令，调整成咖啡杯身样式，如图 7.2.14 所示。

④ 在"椭圆 1 副本"上单击鼠标右键，出现快捷菜单选择"栅格化图层"。按住 Ctrl 键在"椭圆 1"图层的缩览图上单击，对当前图层进行选择，如图 7.2.15 所示。

图 7.2.14

图 7.2.15

⑤ 对"椭圆 1"图层执行"选择→反向",选择"椭圆 1 副本",如图 7.2.16 所示。

⑥ 选择工具箱中的"橡皮擦工具",在"椭圆 1 副本"图层上对选区的上半部分进行擦除。保留下来的部分即为咖啡杯身的形状,如图 7.2.17 所示。

⑦ 对"椭圆 1 副本"图层添加渐变叠加图层样式。点击"渐变叠加"中的"渐变",弹出"渐变编辑器",编辑渐变色条,从＃ffffff 至＃acacac 至＃e4e3e3,三色渐变,如图 7.2.18 和图 7.2.19 所示。

⑧ 将"椭圆 1"图层拖拽到"椭圆 1 副本"图层上方。给"椭圆 1"添加斜面和浮雕效果,如图 7.2.20 所示。

⑨ 新建"图层 5",选择工具箱中"钢笔工具",绘制路径。其填充白色,如图 7.2.21 所示。

⑩ 给"图层 5"添加斜面和浮雕图层样式,如图 7.2.22 所示。

⑪ 新建"图层 6",填充颜色♯f3f3f0。选择"画笔工具",硬度为 60％,前景色为白色,不透明度为 100％。在杯柄的合适位置绘制反光白边,如图 7.2.23 所示。

⑫ 新建"图层 7",选择工具箱中的"钢笔工具",绘制路径 2,填充白色,如图 7.2.24 所示。

⑬ 给"图层 7"添加斜面和浮雕图层样式,如图 7.2.25 所示。

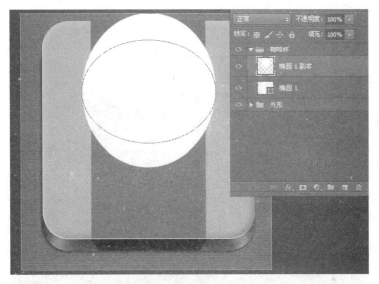

图 7.2.16

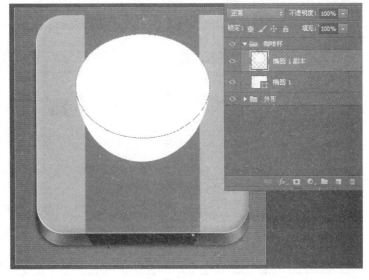

图 7.2.17

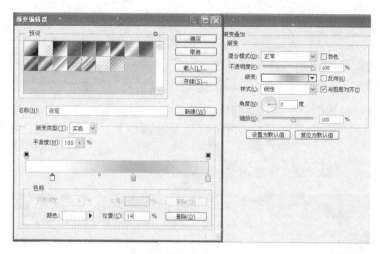

图 7.2.18

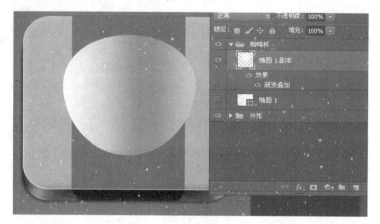

图 7.2.19

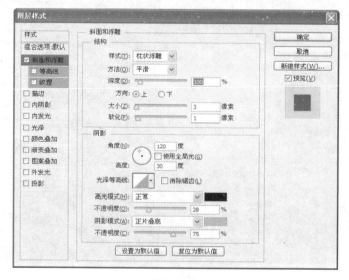

图 7.2.20

图 7.2.21

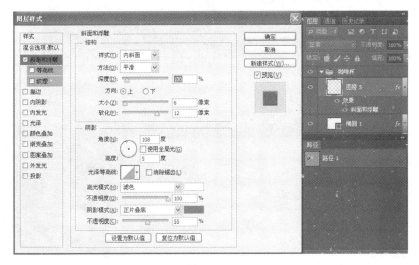

图 7.2.22

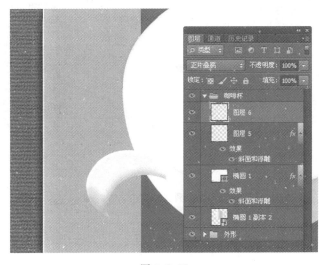

图 7.2.23

图 7.2.24

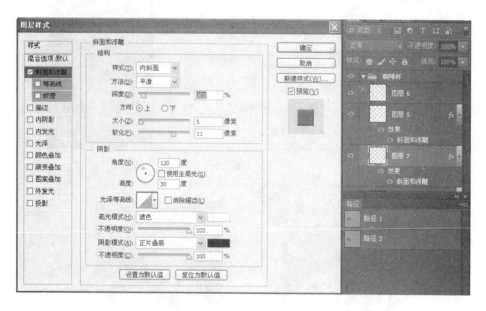

图 7.2.25

(5)制作咖啡盘基本样式

① 选择"椭圆工具"绘制咖啡盘,大小为 691px×482px,生成"椭圆 2"图层,填充白色,如图 7.2.26 所示。

② 给"椭圆 2"添加斜面和浮雕图层样式、投影图层样式,如图 7.2.27 和图 7.2.28 所示。

③ 复制"椭圆 2"图层为"椭圆 2 副本",选择"椭圆 2 副本"图层,按快捷键 Ctrl＋T 键,按住 Alt＋Shift 键,选择右上角控制手柄,从中心向内缩小,如图 7.2.29 所示。

④ 给"椭圆 2 副本"添加渐变叠加图层样式,"渐变编辑器"中的灰色为♯d7d7d7,如图 7.2.30 所示。

⑤ 新建"图层 8",在工具箱中选择"钢笔工具"绘制路径,填充白色,作为杯柄的阴影,如图 7.2.31 所示。

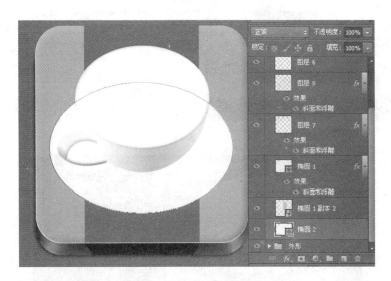

图 7.2.26

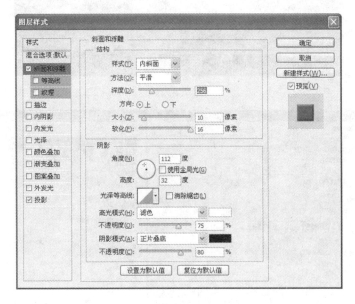

图 7.2.27

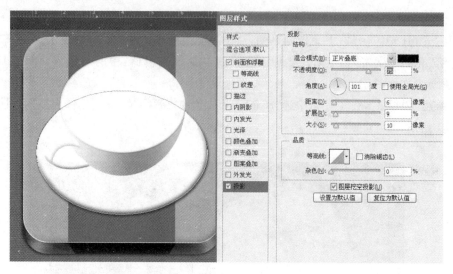

图 7.2.28

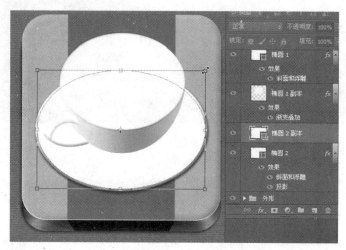

图 7.2.29

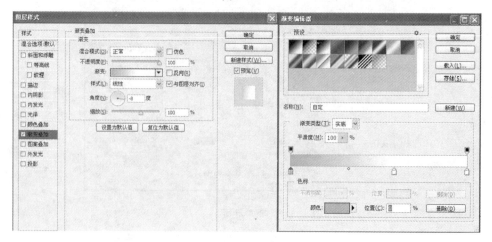

图 7.2.30

图 7.2.31

⑥ 给"图层 8"添加渐变叠加图层样式,其中渐变编辑器中的灰色为♯c6c6c6,如图 7.2.32 所示。

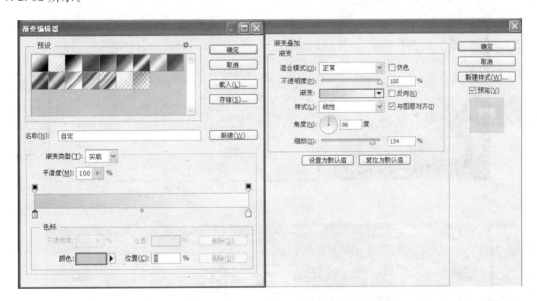

图 7.2.32

⑦ 新建"图层 9",选择工具箱中的"画笔工具",硬边为 0%,前景色选择灰色或白色。在合适的地方绘制盘内的凹凸效果,如图 7.2.33 所示。

⑧ 将"椭圆 2 副本"复制为"椭圆 2 副本 2",添加斜面和浮雕图层样式,做出咖啡盘的中心效果。将该图层置于"图层 9"的上方,如图 7.2.34 所示。

⑨ 新建"图层 10",绘制盘子上的高光,选择工具箱中的"钢笔工具",绘制"路径 4",并添加渐变叠加图层样式,如图 7.2.35 所示。

图 7.2.33

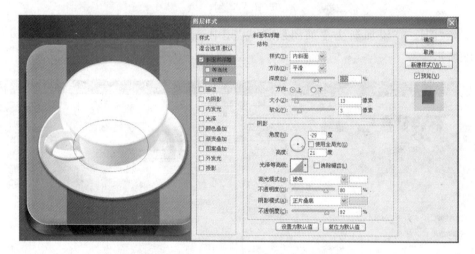

图 7.2.34

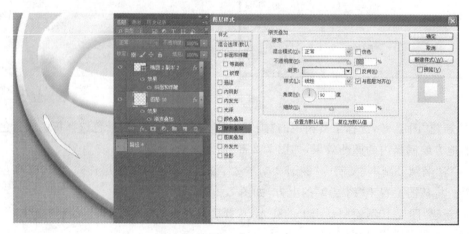

图 7.2.35

⑩ 在"椭圆 2 副本"图层上点击鼠标右键,出现快捷下拉菜单,点击"转换为智能对象"。对转换过的图层再次添加斜面和浮雕图层样式,对咖啡盘边缘增加平滑效果,如图 7.2.36 所示。

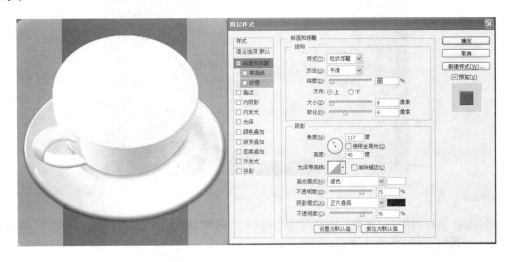

图 7.2.36

⑪ 新建"图层 11",选择工具箱中的"钢笔工具",绘制"路径 5",为该路径形状添加渐变叠加图层样式。其中渐变编辑器中渐变条为三色渐变,从♯f3f3f3 至♯d5d2d2 至♯cdcdcd,如图 7.2.37 所示。

图 7.2.37

⑫ 在"椭圆 1 副本"图层上单击鼠标右键,弹出快捷下拉菜单,点击"转换为智能对象"。将"图层 11"放置于"椭圆 1 副本"图层上方,按住 Alt 键,为当前图层创建剪切图层。这为咖啡杯身创建反光效果,如图 7.2.38 所示。

图 7.2.38

⑬ 选择工具箱中的"椭圆工具",生成"椭圆 3"图层,绘制椭圆,再用"钢笔工具"调整路径形状。再添加投影图层样式,如图 7.2.39 所示。

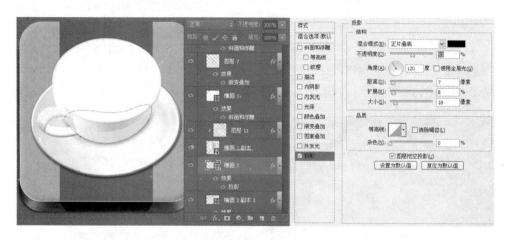

图 7.2.39

(6)制作咖啡泡沫样式

① 选择"椭圆 1"图层复制得到"椭圆 1 副本 2",选择"滤镜→杂色→添加杂色",如图 7.2.40 所示。

② 选择"椭圆 1 副本 2"添加内发光图层样式,如图 7.2.41 所示。

③ 选择"椭圆 1 副本 2"复制得到"椭圆 1 副本 3",进行缩小并调整位置,执行 Ctrl＋M 提高其亮度,如图 7.2.42 所示。

④ 选择工具箱中的"钢笔工具",分别绘制"路径 6"和"路径 7",如图 7.2.43 和图 7.2.44 所示。

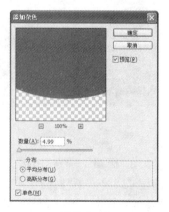

图 7.2.40

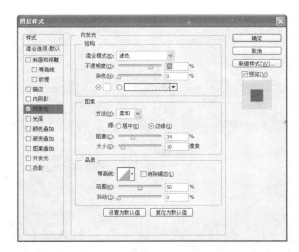

图 7.2.41

图 7.2.42

图 7.2.43

图 7.2.44

⑤ 选择"路径 6",点击路径面板下方的"将路径作为选区载入"按钮 ▦,将路径转换成选区。再选择"路径 7",按住 Alt＋Ctrl 键,点击"路径 7"的图层缩览图,形成"路径 6"和"路径 7"交叉选区,如图 7.2.45 所示。

图 7.2.45

⑥ 新建"图层 12",填充白色,执行"滤镜→模糊→高斯模糊",设置其半径为 3.5。为其添加内发光和光泽图层样式,"内发光"中 ◉▢ 颜色设置为 ♯ffee7d,如图 7.2.46 和图 7.2.47 所示。

⑦ 新建"图层 13",选择工具箱中的"钢笔工具",绘制"路径 8",路径比白色图形范围稍大些,填充 ♯c77e20,执行"滤镜→模糊→高斯模糊",设置其半径为 3.5,如图 7.2.48 所示。

图 7.2.46

图 7.2.47

图 7.2.48

⑧ 选择"图层 13"添加光泽图层样式。将"图层 13"放置于"图层 12"的下方,如图 7.2.49 所示。

图 7.2.49

⑨ 新建"图层14",选择工具箱中的"钢笔工具",绘制"路径9"。选择工具箱中的"画笔工具",调整前景色为♯c77e20,选择"路径面板"底部的"用画笔描边路径"按钮⚪。执行"滤镜→模糊→高斯模糊",设置其半径为3.5,如图7.2.50所示。

图 7.2.50

⑩ 选择"图层14"添加外发光图层样式,如图7.2.51所示。

⑪ 新建"图层15",选择工具箱中的"钢笔工具",绘制"路径10"。选择工具箱中的"画笔工具",调整前景色为♯c77e20,选择"路径面板"底部的"用画笔描边路径"按钮⚪。执行"滤镜→模糊→高斯模糊",设置其半径为3.5,如图7.2.52所示。

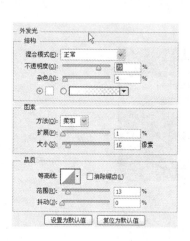

图 7.2.51

图 7.2.52

⑫ 选择"图层15"添加内发光和外发光图层样式。其中"外发光"中 ⊙□颜色设置为♯ffd053。选择工具箱中的"涂抹工具"对"图层15"和"图层14"可进行合理的涂抹,如图

7.2.53 所示。

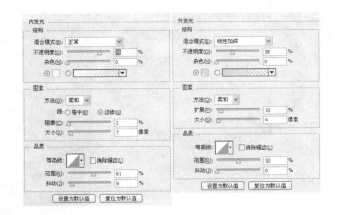

图 7.2.53

⑬ 新建"图层 16",选择工具箱中的"钢笔工具",绘制"路径 11"。制作步骤参考第 42 步,如图 7.2.54 所示。

图 7.2.54

⑭ 新建"图层 17",选择工具箱中的"钢笔工具",绘制"路径 12"。制作步骤参考第 42 步,如图 7.2.55 所示。

⑮ 新建"图层 18",选择工具箱中的"钢笔工具",绘制"路径 13"。其填充颜色为 ♯ cc7c1a。执行"滤镜→模糊→高斯模糊",设置其半径为 3.5,如图 7.2.56 所示。

⑯ 为"图层 18"添加光泽图层样式。其"混合模式"后的颜色为 ♯b9a627。设置"图层 18"的图层模式为"变暗",如图 7.2.57 所示。

⑰ 新建"图层 19",将"路径 13"复制为"路径 14",调整比"路径 13"稍大。制作步骤参考第 51 和第 52 步。设置"图层 19"的图层模式为"变暗",不透明度为 50%。将"图层 19"放置于"图层 18"下方,如图 7.2.58 所示。

⑱ 最终效果如图 7.2.59 所示。

图 7.2.55

图 7.2.56

图 7.2.57

图 7.2.58

图 7.2.59

7.3　相机图标

(1)设计要求

此案例主要是通过圆角矩形工具、图层样式等功能命令的应用,完成相机图标的设计制作。

(2)制作过程

① 执行"文件→新建",在对话框中进行参数设置,如图 7.3.1 所示。

② 选择工具箱中的"圆角矩形工具",在图像中单击一次,弹出对话框,进行参数设置,填充颜色♯d3ddf6,生成"圆角矩形 1"图层,如图 7.3.2 所示。

图 7.3.1

图 7.3.2

③ 为"圆角矩形 1"图层添加斜面和浮雕、投影图层样式。其中"阴影模式"后的颜色为 #515c64，如图 7.3.3 和图 7.3.4 所示。

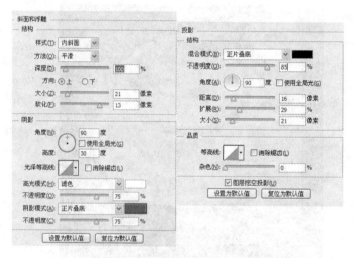

图 7.3.3

图 7.3.4

④ 选择工具箱中的"椭圆工具",创建正圆,大小为 380px×380px,填充颜色♯9a9999,生成"椭圆 1"图层。为其添加渐变叠加、投影图层样式。其中"渐变编辑器"中的颜色设置从白色至白色的渐变,其中第二个白色不透明度为 0%,如图 7.3.5 和图 7.3.6 所示。

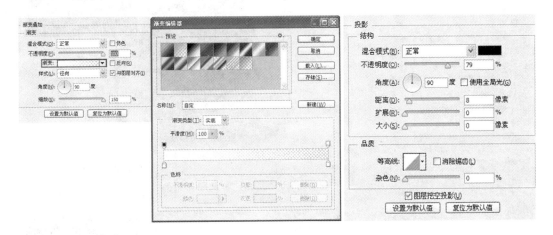

图 7.3.5

图 7.3.6

⑤ 选择"椭圆 1"进行复制,生成"椭圆 1 副本",选择 Ctrl+T 键,按住 Alt+Shift 键,从中心进行缩小,填充黑色。为其添加内阴影图层样式,如图 7.3.7 和图 7.3.8 所示。

⑥ 将"椭圆 1 副本"进行复制,得到"椭圆 1 副本 2",选择 Ctrl+T 键,按住 Alt+Shift 键,从中心进行缩小,填充颜色为♯313131。为其添加内阴影图层样式,如图 7.3.9 和图 7.3.10 所示。

⑦ 将"椭圆 1 副本 2"进行复制,得到"椭圆 1 副本 3",选择 Ctrl+T 键,按住 Alt+Shift 键,从中心进行缩小,填充颜色为♯1b1b1b。为其添加内发光图层样式,如图 7.3.11 和图 7.3.12 所示。

图 7.3.7

图 7.3.8

图 7.3.9

图 7.3.10

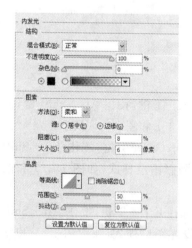

图 7.3.11

图 7.3.12

⑧ 将"椭圆 1 副本 3"进行复制,得到"椭圆 1 副本 4",选择 Ctrl＋T 键,按住 Alt＋Shift 键,从中心进行缩小,填充黑色。为其添加内阴影图层样式,如图 7.3.13 和图 7.3.14 所示。

图 7.3.13　　　　　　　　　　　　　　　　图 7.3.14

⑨ 将"椭圆 1 副本 4"进行复制,得到"椭圆 1 副本 5",选择 Ctrl＋T 键,按住 Alt＋Shift 键,从中心进行缩小,填充黑色。为其添加内阴影、渐变叠加图层样式。其中"渐变编辑器"中的颜色设置从 ♯ b6b6b6 至 ♯ 4b4b4b,颜色 ♯ 4b4b4b 不透明度为 0％,如图 7.3.15、图 7.3.16 和图 7.3.17 所示。

⑩ 选择"椭圆工具"绘制正圆,大小为 117px×117px。放置在图像中心位置,生成"椭圆 2"图层。为其添加内发光、渐变叠加和外发光图层样式。其中"渐变叠加"中的"渐变编辑器"的颜色为从白色到 ♯ 8e8e8e,其中白色的不透明度为 0％,如图 7.3.18 和图 7.3.19 所示。

图 7.3.15　　　　　　　　　　　　　　　　图 7.3.16

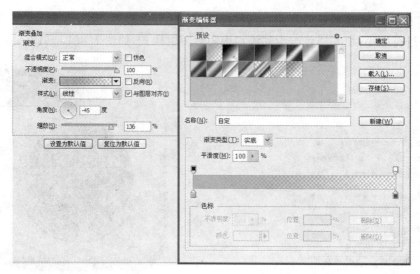

图 7.3.17

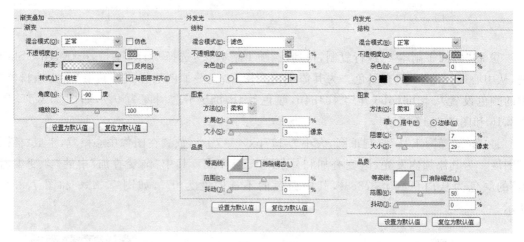

图 7.3.18

图 7.3.19

⑪ 将"椭圆 2"图层复制得到"椭圆 2 副本",按 Ctrl＋T,同比例缩小。并为其添加渐变叠加图层样式。其中"渐变编辑器"中的渐变色条的颜色依次为♯00a2d0、♯00597e、♯45204e,并合理调整好渐变色的"位置",如图 7.3.20 和图 7.3.21 所示。

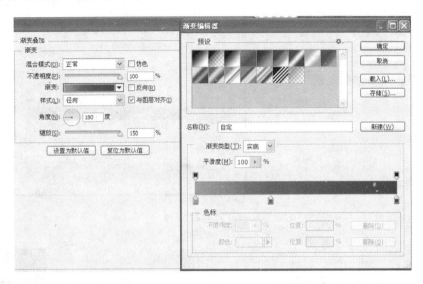

图 7.3.20

图 7.3.21

⑫ 将"椭圆 2 副本"图层复制得到"椭圆 2 副本 2",按 Ctrl＋T,同比例缩小。并为其添加渐变叠加图层样式。其中"渐变编辑器"中的渐变色条的颜色依次为♯00a2d0、♯074c69、♯7d198c,并合理调整好渐变色的"位置",如图 7.3.22 和图 7.3.23 所示。

⑬ 将"椭圆 2 副本 2"图层复制得到"椭圆 2 副本 3",按 Ctrl＋T,同比例缩小。填充颜色为♯9d9d9d,如图 7.3.24 所示。

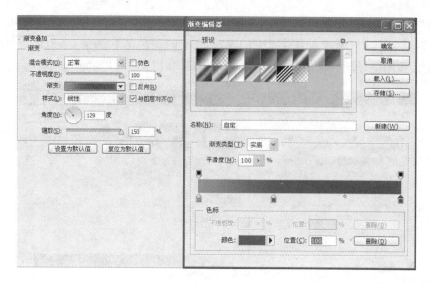

图 7.3.22

图 7.3.23

图 7.3.24

⑭ 将"椭圆 2 副本 3"图层复制得到"椭圆 2 副本 4",按 Ctrl＋T,同比例缩小。并为其添加渐变叠加图层样式。其中"渐变编辑器"中的渐变色条的颜色依次为＃00a2d0、＃074c69、＃7d198c,并合理调整好渐变色的"位置",如图 7.3.25 和图 7.3.26 所示。

⑮ 将"椭圆 2 副本 4"图层复制得到"椭圆 2 副本 5",按 Ctrl＋T,同比例缩小。填充黑色,如图 7.3.27 所示。

⑯ 将"椭圆 2 副本 5"图层依次复制得到"椭圆 2 副本 6""椭圆 2 副本 7""椭圆 2 副本 8",按 Ctrl＋T,同比例缩放,依次排列。填充白色,如图 7.3.28 所示。

⑰ 将"椭圆 2 副本 8"图层依次复制得到"椭圆 2 副本 9""椭圆 2 副本 10",按 Ctrl＋T,同比例缩放,依次排列。其填充白色,将"椭圆 2 副本 9"的不透明度调整为 25％,"椭圆 2 副本 10"的不透明度调整为 35％,如图 7.3.29 所示。

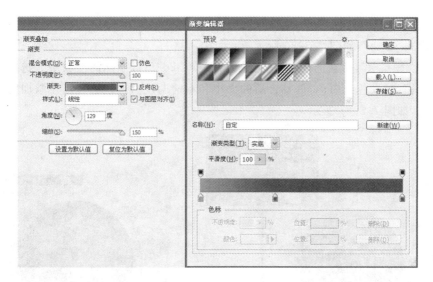

图 7.3.25

图 7.3.26

图 7.3.27

图 7.3.28

图 7.3.29

⑱ 使用"椭圆工具"创建两个正圆,进行"与选区交叉",得到交叉选区,填充白色,设置图层混合模式"叠加",如图 7.3.30 所示。

⑲ 新建"图层 2",建立选区,为选区填充颜色♯32d2f34,添加图层蒙版。选择工具箱中的"画笔工具",前景色为白色,调整合适的大小和不透明度,硬度为 0%,在添加的蒙版中画出高光区域,如图 7.3.31 所示。

图 7.3.30　　　　　　　　　　　　　　　图 7.3.31

⑳ 新建"图层 3",将其放置于"圆角矩形 1"的上方。选择工具箱中的"画笔工具",前景色为灰色,调整合适的大小和不透明度,硬度为 0%,在画面中为相机镜头添加投影,如图 7.3.32 所示。

㉑ 打开"素材 .jpg",将其拖动到"圆角矩形 1"的上方,按 Ctrl＋T 键,同比例缩小。按住 Alt 键,在"图层 5"和"圆角矩形 1"中间点击鼠标,形成剪切图层,执行"图像→调整→色相/饱和度",勾选"着色"复选框,调整成蓝色调,如图 7.3.33 所示。

图 7.3.32　　　　　　　　　　　　　　　图 7.3.33

㉒ 将"素材.jpg"再拖拽到图像中,调整合适的大小,置于底层,调整成相同的蓝色调。完成,如图 7.3.34 所示。

图 7.3.34

参考文献

［1］（美）伊莱恩·温曼，彼得·卢伦卡斯．WOW Photoshop 技术应用权威圣典［M］．北京：中国青年出版社，2014.

［2］张丹丹，毛志超．中文版 Photoshop 入门与提高［M］．北京：人民邮电出版社，2011.

［3］唐有明．Photoshop CS6 中文版从新手到高手［M］．北京：清华大学出版社，2013.

［4］柏松．Photoshop 智能手机与平板电脑 APP 界面设计［M］．北京：清华大学出版社，2014.

［5］科教工作室．Photoshop CS3 图像处理［M］．北京：清华大学出版社，2008.